大展好書　好書大展
品嘗好書　冠群可期

大展好書　好書大展
品嘗好書　冠群可期

快樂健美站

8

創造超級兒童

宮下桂治 等著
陳 維 湘 譯

大展出版社有限公司

Super Child

CONTENTS

第7章 創造健康又充滿活力的孩子的飲食學

第8章 培養超級兒童的指導術

第1章

展翅高飛吧！超級兒童

Super Child

網球選手
星野武藏

「想達成四連霸的目標！」

攝影／清宮順

★PROFILE

星野武藏

1990年7月5日出生

10歲

住在千葉縣佐倉市

雖然年僅10歲，但是已經參加過100多場比賽，是正式的選手。

是擁有各項優勝及得獎經驗的實力派選手。

「選手」星野武藏

武藏從小學一年級開始就打網球。看到中學一年級的姊姊在打網球，甚感興趣，於是到網球學校學習。小學四年級時，已經擁有擊敗姊姊的實力。

武藏的教練齊藤睦仁說道：

「武藏是『選手』，不僅能夠充分掌握練習的目的，而且不會驕傲自大。實力堅強的對手反而會激發他的鬥志，以『必勝』的氣勢面臨比賽，實在是不可多得的好選手……。」

武藏對網球所抱持的態度，不再是孩子的程度而已。誠如齊藤教練所說的，他已經是一名真正的『選手』。

此外，武藏在網球方面的經驗十分豐富，參加過一百多場正式比賽，締造許多輝煌的戰績。在千葉縣所舉辦的以十二歲以下兒童為對象的大賽中獲得第二名，關東排名為第六名。

小學生的體格差異極大，武藏卻能擊敗比他高幾屆的學生，確保頂尖選手的地位。

「每天練習打網球」

武藏於其所屬的志津網球社每週練習五天，在此之前，是在不同的網球社練習。為什麼要更換網球社呢？武藏的父親說：

「最初，每個月到附近的網球學校練習，學會基本姿勢。等到武藏的水準提升時，校內已經沒有可以與他匹敵的人，因此，只好轉到少年選手較多的志津網球社。」

志津網球社的少年選手多達二五〇人，設有各種班級，包括以遊戲方式打網球的ＫＩＤＳ班及訓練職業選手的網球班。武藏參加的，則是聚集希望成為職業選手的兒童少年隊。這些人都是他最好的競爭對手。

武藏家距志津網球社四十分鐘的車程。雖然路途遙遠，但是，不能輕易的更換網球社。

「單趟車程就需要四十分鐘，非常辛苦。不過，為了達成武藏『打好網球』的希望，這一切都是值得。」

這是每天開車接送武藏的父親所說的話。

另外，父親身兼武藏練習的對手，婉拒公司同事的邀約，每週和兒子對打二次。武藏認真學習的態度，讓他甘之如飴。

每週五天在網球社練習，每週二天由父親陪同練習。換言之，武藏每天打網球。

「無論是在網球社或家裡，每天都會練習打網球。」

和父親一起打網球，是武藏自己主動提出的要求。這時，我不禁想起齊藤教練所說的話，「武藏是『選手』」。

武藏確實想要成為職業的頂尖運動員。雖然年僅十歲，但是，卻已經能夠掌握自己需要的練習。

「希望將來成為日本頂尖的選手」

「無論是正手拍或發球，都是他最拿手的表演。」事實上，武藏擅長所有的動作，根本沒有不拿手的姿勢。

齊藤教練說道：

「武藏已經具備選手的素質，希望將來能夠訓練他成為日本頂尖的選手。」

齊藤教練對武藏的未來充滿信心與期望。

那麼，父親又有什麼想法呢？

「武藏想成為職業選手，所以我們會盡力配合他的要求。我自己則只要從事網球相關工作，過著正常的生活就足夠了。」

他希望能夠完成孩子偉大的夢想，同時從事自己喜歡的工作。

世界上的父母應該都是這樣心情吧！

「就算不能成為職業選手，只要認真的做一件事，就能夠成為自己的財產和自信。即使以後從事不同的行業，也一定會對自己有所幫助。」

武藏的母親如此說道。的確，『對某件事全力以赴』，對於向新事物挑戰一定有所助益。因此，『只要努力，必有收穫』。

武藏的目標是成為職業網球選手，培養世界級的實力。

「希望將來自己能夠成為職業選手，達成四連霸的願望。」

所謂四連霸是指，取得澳洲網球公開賽、法國公開賽、溫布頓選手賽、ＵＳ公開賽等四大比賽的優勝。

完成四連霸的選手，包括阿格西等名將在內，屈指可數。日本男子選手中，只有一九九五年溫布頓公開賽中排名第八的松岡修造締造佳績。如果有日本選手能夠達成四連霸，則別說是日本，甚至在世界的網球史上都是項壯舉。

聽到武藏這番話的齊藤教練，

以嚴肅的表情說道：「只要全力以赴，相信指日可待。」孩子們的潛能是無限的。

成為日本的頂尖選手，朝世界振翅高飛吧！對武藏抱持極高期望的齊藤教練的話，不只是鼓勵，同時內心也充滿無限的期待。

十年後，武藏就二十歲了，希望能夠在電視上看到他完成日本人的壯舉而高舉雙手做出勝利姿勢的英姿。

協助採訪　志津網球社
千葉縣佐倉市下志津原170
043-487-2948

游泳好手
佐藤茉奈

「希望將來能夠以最擅長的蛙式參加奧運比賽」

攝影／清宮順

★PROFILE

佐藤茉奈

1989年2月9日出生
12歲
住在千葉縣市川市
參加過4次青少年組奧運賽。
目前在家練習，準備參加青少年組奧運。

「從0歲開始游泳」

游泳前在一旁做伸展運動的佐藤茉奈，今年十二歲，就讀小學六年級。

苗條的身材、修長的雙腿，體態十分勻稱，原因是什麼呢？

「我從0歲就開始游泳了。」

關鍵就在於茉奈所說的這句一話。

事實上，茉奈從八個月大時就開始游泳。

「最初，抱著希望能夠認識和我同樣在育兒的朋友的心理，於是就報名參加游泳教室，沒想到進展得如此順利。」

母親以輕鬆的心情開始游泳，茉奈則從幼兒課程進入選手課程，培養實力，曾經四度參加青少年組奧運賽。

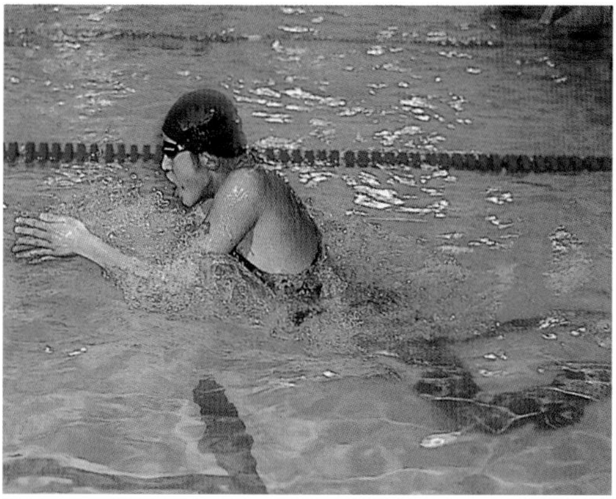

「喜歡蛙式，討厭仰式」

青少年組奧運賽是指以十歲以下兒童為對象的全國游泳大賽。只有游泳時間低於標準時間的選手才能參加全國各地的預賽。茉奈參加的項目是蛙式。

「我最喜歡且擅長的是蛙式，

因為可以游得很快。」

這是她所說的理由。她最討厭的是「仰式」。仰式無法游得很快，所以，她不喜歡仰式。

十二歲青少年組奧運賽的蛙式游泳，參賽標準時間是五十公尺三十六秒。游泳時間低於這個標準時間才能參賽。茉奈的最佳成績是幾秒呢？

「我的最佳成績是三十四秒九九。」

低於規定時間一秒多。雖然練習時可以締造佳績，但是，比賽時就沒那麼順利了。因為當天的身體狀況對時間會造成極大的影響。

「在這次星期天的大賽中，希望可以突破標準時間。不過，如果她不再加把勁，可能有點困難，令人擔心……」

教練如此說道。但是，聽到這番話的茉奈，卻面露微笑。可能是游泳能使她保持冷靜吧！

「希望能夠參加衆所矚目的雪梨奧運賽」

全心全意投入某種運動且締造佳績，當然會對將來抱持極高的期望。茉奈也抱持著這樣的夢想。

「雖然希望將來能夠成為奧運選手，但現在還是以平常心，想要快樂的游泳。」

即使擁有偉大的夢想，但還是保持著冷靜的心情。也許這就是茉奈游泳游得很快的秘訣吧！

看著茉奈逐漸成長，她的母親說道：

「雖然讓她學習游泳，但是，對她並沒有任何的要求，只要她能夠完成自己的夢想就好了。」

除了游泳之外，茉奈也喜歡水彩畫。兒童確實隱藏著許多無限的潛能。

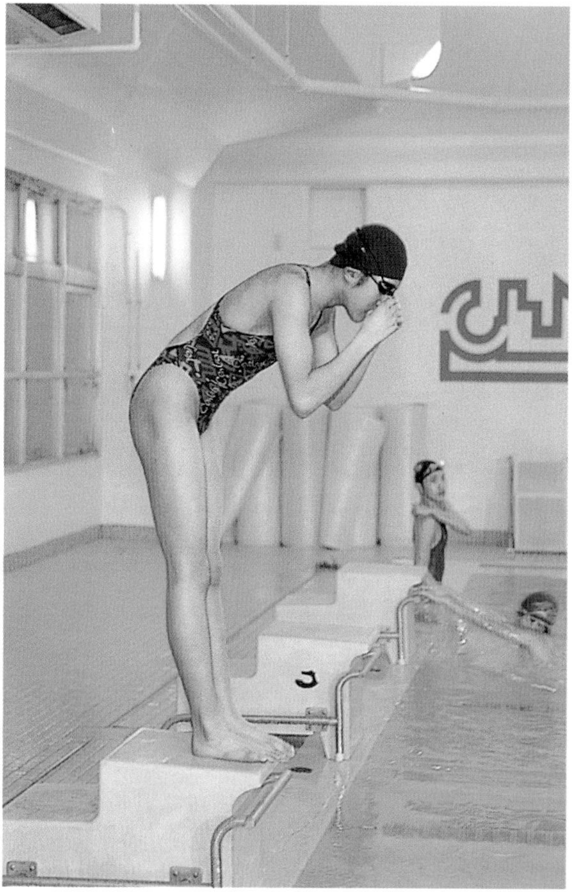

無論做什麼事，最重要的就是要尊重孩子的自主性。母親就是以這種態度守護著茉奈。相信茉奈一定能夠順利的成長。

協助採訪　中央運動研究所
千葉縣市川市相之川1-8
廣場南行德內
047-3583121

空手道好手 中園大貴

「希望擁有如豬木選手般的實力！」

攝影／加藤俊治

★PROFILE

中園大貴

1993年1月13日出生
8歲
住在千葉縣浦安市
從不缺席單趟車程長達1個半小時的空手道才藝練習。

「喜歡認真進行的對打和比賽」

「在所有的才藝班中，我最喜歡空手道。尤其是認真和我對打的選手或比賽。有時在家中會和父親一起練習。」

　中園大貴是就讀小學二年級的學生。身材矮小，但連踢和直衝的動作，具有令成人汗顏的魄力。

　為什麼要讓八歲的大貴學習空手道呢？母親朋子說：「我希望他能夠學習如何保護自己。」正如母親所期待的，大貴順利的成長。

　住在浦安市的大貴，必須花一個半小時的時間，才能到達位於高田馬場的正道會館練習空手道。

　「以前住在北海道時，附近就有正道會館。後來調職而搬到浦安市。原本想要中斷練習，但是大貴卻說『我想繼續學習……』」

　具有堅強的意志、即使路途再遠也不肯半途而廢的大貴說：「最初因為對手的身材比自己高大而感到害怕，但現在已經不怕了。」他重視練習，培養出深厚的實力。對大貴而言，每週二～三次的練習是

生活最大的樂趣。

禮貌的打招呼和恭敬的回答比技術更重要

母親認為，大貴自從學習空手道後，身心方面都有所成長。

「以前身體虛弱，但是現在卻很少感冒，食量增加。冬天就算衣服單薄，身體也非常強健。此外，原本消極的態度變得積極，充滿自信。」

大貴的成長，當然和道場的指導有密切的關係。

「事實上，教練重視的，與其說是技術，還不如說是禮貌的招呼和恭敬的回答。最初做不到的孩子，後來都能順利的完成，同時還會指導並照顧比自己級數更低的人。在精神方面，變得相當成熟。」少年部的神田貴幸指導員如此說道。

同年齡的孩子們一起練習，可以培養互相尊重的態度及團體的意識。

神田指導員繼續說道：

「有的孩子總是聽不進別人的意見，這和個人的家庭教養有關。雖然我們教導孩子們規矩和禮貌，但是，基本的溝通能力應該是在家庭中培養的。」

事實上，所有的運動都是如此啊！原則上，基本的教育是不可或缺的，學校和補習班無法取代父母的責任。正道會館及所有學校只教導特定技術，唯有父母才能夠教導孩子們最基本的禮貌。

一年後的升段考試！

練習時，和神田指導員站在前面指導許多『晚輩』的大貴，即將參加三月的升段考試，必須充分練習。因此，練習一小時後，自願和別人對打三十分鐘。

「大貴等了一年才參加升段考試。因為成為一段選手的黑帶高手之後，就必須開始指導他人，這對小學一年級的學生而言負擔太重，所以，我要求他再等待一年。事實上，大貴去年就已經擁有足夠的實力了。」（神田指導員）

這番話證明大貴具有深厚的實力。不過，就他的年齡而言，取得黑帶的資格太早了。

詢問實力派的大貴希望將來想成為什麼樣的人時，他回答：「希望像豬木選手一樣。」

他希望自己能像安迪・豬木一樣，具備高超的技巧，能夠扳倒比自己身材更高大的選手。相信大貴一定可以實現他的夢想。

協助採訪　正道會館東京本部
東京都新宿區高田馬場1-28-18
和光大樓2樓
03-5285-1968

芭蕾舞者
越膳春菜

「快樂的期待第一次發表會的到來」

攝影／坂本智之

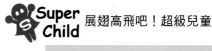

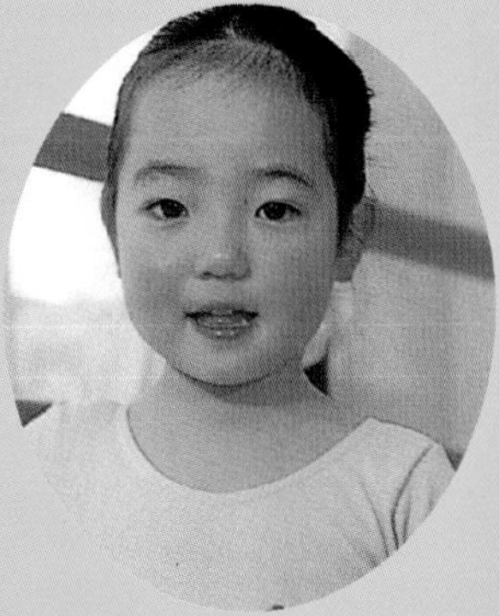

★PROFILE

越膳春菜

1996年4月23日出生
4歲
住在神奈川縣小田原市
已經習慣去年開始就讀的幼稚園，
每天都過得很快樂。

看過各種運動後，決定學習芭蕾

越膳春菜是從二〇〇〇年十一月開始學習芭蕾，現在已經過了三個月。

「去年開始上幼稚園，習慣幼稚園的生活後，想要讓她學習新的運動，於是和她一起去參觀游泳社和體操社。不過，她卻說喜歡跳芭蕾舞。」

母親如此說道。到底春菜喜歡芭蕾舞哪一點呢？

春菜回答：「衣服很可愛呀！」的確，看到身穿粉紅色芭蕾舞衣的孩子們，任何人都會覺得可愛。

現在，春菜也穿著粉紅色的芭蕾舞衣，充滿活力的跳著芭蕾舞。

注重『基本』舞步，學習快樂課程

春菜參加的『澤芭蕾舞學校』包括高級班和普通班，同時招收男孩和女孩，主要教導基本的芭蕾舞姿勢和動作。這是澤芭蕾舞學校的負責人澤洋子老師所採取的方針。

「為了成為頂尖的芭蕾舞者，必須有一對一的教練，但是，能夠教導的人數有限。我希望有更多的

人能夠體會跳芭蕾舞的樂趣，所以想要培養孩子具備基本的身體運動的素養。」（澤洋子老師）

澤洋子老師希望澤芭蕾舞學校的孩子們都能夠輕鬆的學習芭蕾舞。另外，會為精通基本動作而想要成為職業芭蕾舞者的人介紹適合的指導者。

高級班所做的練習以基本姿勢為主，是基礎中的基礎。為避免影響孩子們腳的發育，所以，不能夠長時間採取勉強的姿勢，而盡量的讓他們快樂的學習芭蕾。

每次的練習為一小時。在輕鬆的音樂及老師溫柔的指導下，維持自己的步調，快樂的學會芭蕾舞的基本姿勢和動作，在團體中找到適合自己的定位。

「最喜歡預備動作」

學習芭蕾舞才三個月的春菜，已經學會部分基本的姿勢和動作。

詢問春菜最喜歡芭蕾舞中的哪個動作時，她立刻回答：「預備動作。」

預備動作可謂芭蕾舞基本中最基本的動作之一。站在舞台上，腳跟併攏，腳尖打開，雙臂朝側面打開落腰，是基本動作。事實上，要展現這個美麗的動作，需要下一番苦工。尤其高度的體能和優美的體態相當重要。

聽到春菜說喜歡預備動作，澤老師面露笑容。

澤芭蕾舞學校每年都會舉辦發表會，今年預定八月舉行，是春菜初次登台表演的時刻。

「每年都會要求高級班的孩子

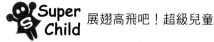

們以動物為題材練習芭蕾舞。一想到今年又能看到他們可愛的芭蕾舞動作，就讓人覺得興奮。」

第一次站在舞台上表演，難免會感到緊張，但春菜卻是例外，她說：「希望發表會趕快到來。」態度輕鬆，彷彿首席芭蕾舞者。

協助採訪
澤芭蕾舞學校
神奈川縣秦野市壽町1-5
卡內瑪斯大樓2樓
0463-84-3989

【專欄】父親參與育兒工作能夠擴大孩子的潛能

就業條件改變，父親開始參與育兒工作

近年和往年不同，許多家庭的父親都開始投入育兒工作，原因在於就業條件的變化。

昔日男主內、女主外，現在則多半是雙薪家庭，所以烹飪、洗衣或育兒等家事必須共同分擔。

另外，以前扮演責罵孩子角色的父親，現在則經常和孩子一起泡澡或玩耍。父親參與育兒工作，對孩子具有良好的影響。

父親參與育兒工作百利而無一害

父親參與育兒工作的優點非常多。父親和孩子一起玩耍，使得原本只和母親接觸時的語言能力更為發達，而且一起玩玩具等，能夠提高孩子對物品的操作性（使用物品的方法）。

父親積極的與孩子溝通，可以提高其社會性，培養對遊戲的自發性等。

此外，增加富運動性的遊戲，能夠提升孩子的身體能力。

父親參與育兒工作，可以給予孩子與母親不同的刺激，促進其各種能力的發達。因此，父親參與育兒工作可謂「百利而無一害」，意義深遠。

日本人陪伴孩子的時間極少

即使父親參與育兒的工作，但是，平均時間和其他國家相比仍然嫌短。例如，陪伴四～六歲孩子的時間，美國為五・〇六小時、泰國為五・九九小時，日本則只有三・四小時（一九九四年調查）。

許多家庭的父親都忙於自己的事業，很難全心投入育兒工作。然而，陪伴孩子的時間，對於孩子的精神面和各種能力會造成極大的影響，所以，週末或平時就要積極增加與孩子接觸的機會。

第2章 兒童訓練（幼兒篇）

Super Child

主編／富士運動社

正確的發育從創造身體開始。。
讓孩子順利成長！兒童訓練。。

攝影／清宮順

嬰兒從出生之後就開始活動身體。
最初是無意識的對於周遭的刺激產生反應的「反射」動作。
不過，透過各種的經驗和學習，
可以從單純的動作變成複雜的動作，而且有意的進行。
然而，光靠孩子個人的力量，
無法培養與成人同樣的身體動作。
為使孩子的運動能力發達，
教導正確的知識和父母的支持是不可或缺的。

幼兒期要建立運動能力的基礎

幼兒期時，兒童運動能力的發達與腦部的發達有密切的關係。

例如，剛出生的嬰兒雖然能夠彎曲關節，但是，卻無法順利的伸直關節，這是因為腦部還不能順利調節動作的緣故。等到能夠伸展手腳之後，肌肉就會發達。而能夠調整肌肉的動作，就是腦功能發達所造成的。

剛出生的嬰兒，腦部重量為四○○公克，六歲時則為一二○○公克，是成人的九十％。

在這個時期，大部分的孩子已經學會走路、跑、跳等基本運動能力。換言之，腦部最發達的這個時期，是能夠培養更多運動能力的有

效時期。

在這個時期學習大量的運動，能夠促進大腦的發達。

「走路」、「跑步」、「投球」、「跳躍」、「踢」、「吊單槓」和「抓物」等，六歲前基本的運動能力發達，就能促使大腦成熟，同時培養調整力和敏捷性。對於建立七歲後複雜動作的基礎而言，這是必要的。

開始走路後，一切就會順利發展……是錯誤的想法！

孩子在一歲，開始學習走路之前，對於身體的運動機能相當感興趣。不過，這時父母卻會將重心擺在「說話」、「閱讀和寫字」等各方面，而身體的運動機能則放任其自由發展。

事實上，應該要在這個時期準備必要的基礎運動能力。

那麼，應該如何協助孩子促進這方面的發達呢？

●走路

通常孩子在一歲之後開始學習站立走路。最初扶著東西走路，放手時容易跌倒。對孩子而言，跌倒是很重要的。擁有身體傾斜因為體重而跌倒的經驗，才能夠學會取得身體平衡的技巧。這個動作可以促進大腦的前庭器官（掌握平衡感的器官）發達。

前提是要給予孩子自己走路的機會。讓他們在鋪著軟地板的房間或鋪著厚地毯而不易滑倒的地板上赤腳走路，直到能夠穩健的走路為止。這樣不僅可以培養平衡感，還能使腳底心發達。

最初為了取得平衡，雙手必須高舉，等到增加練習的距離後，手的位置就會放低。如此一來，不只能夠提高步行的品質，同時可以加

速大腦前庭器官的發達。

●跑

三歲時，雙手交互擺盪走路。雖然二歲就會走路，但不算是取得平衡的正確姿勢。

在這個時期，利用手臂的擺盪練習跑步，能夠展現更確實敏捷的動作。首先，在較平緩的下坡處，製造讓孩子跑步的機會，從五公尺開始慢慢的增加距離。

跑步可以使大腦皮質發達，提高呼吸系統的效率，培養調整呼吸的能力。

六歲時，手臂就能順暢的交互擺盪，穩健的跑步。這時，大腦皮質已經成熟。

●投球、踢、跳躍

六歲前，已經訓練完成手臂交互擺盪的動作。右腦控制左半身的動作，左腦則控制右半身的動作。利用這種能力，可以投球、踢球或跳躍障礙物。至於要使用身體的哪一側，則由腦來判斷。使用頻率較高的一側比較佔優勢，就會變成慣用右手或左手的人。慣用右手，則慣用右腳。換言之，問題在於是否可以確立腦功能的優勢性。

●抓物、吊單槓

一歲時，手的食指和拇指指腹能夠貼合，藉此可以抓起拼圖或積木等小的玩具。這是因為稱為皮質協調的手、眼睛、皮膚感覺等三種訊息的統合機能發揮作用的緣故。為促使這項機能發達，雙手能夠同時抓東西，則可以增加孩子抓食物、吊單槓等的機會，另外，抓住父親的手臂練習吊單槓也有效。

上坡

與水平地面相比，爬坡時腳的力量和身體更要保持平衡。

過了一歲半後，雙腿不必朝左右大幅度張開就可以走路。腳的肌力愈發達愈能順暢走路。這時，可以訓練走斜坡。

讓孩子自己學會在走路時調節頭部位置稍微往前傾，同時調節腳踝的關節和步幅，慢慢的爬坡。

下坡

下坡具有高低差，可以培養移動感覺。與嬰兒時期的「拋高」遊戲同樣的，讓孩子感受身體的高低差，刺激腦部。

尚未熟練之前，母親可以扶著孩子，使其學會往下滑這個動作。

往上跳

使用踏台跳躍或是坐在跳箱上，雙腳形成踏跳腳，掌握時機練習跳躍。

最初可能像走路的模樣，踏跳腳參差不齊。熟練之後，腳就會從「走路」變成「跳躍」的動作。

彈跳（利用跳床跳躍）

利用跳床做連續跳躍練習。三歲以下、腳部肌肉不發達的孩子，進行跳床跳躍，就能順利的學會跳躍。

著地時，用雙腳支撐體重，做出跳躍的動作。在空中利用雙手取得全身的平衡。

往下跳

從跳箱跳到墊子上，著地時雙腳一起落地，利用雙腳穩穩的支撐身體。

最初雙腳著地的時間不一，習慣之後，雙腳就能同時著地。這時要特別注意，避免身體往後倒。

側步走平衡木

利用走平衡木訓練平衡感。左右腳張開走路的二歲大孩子，可以從側步走開始練習。

母親從旁協助，視走路情況，協助孩子做步行練習。習慣之後，就讓他自己行走。

縱步走平衡木

等到不會張開雙腳而能夠筆直走路時，就可以在平衡木上進行縱步走的練習。與側步走相比，縱步走需要更好的平衡感。

最初看著腳走路，接著慢慢的抬起臉，擴大步幅，鍛鍊平衡感。

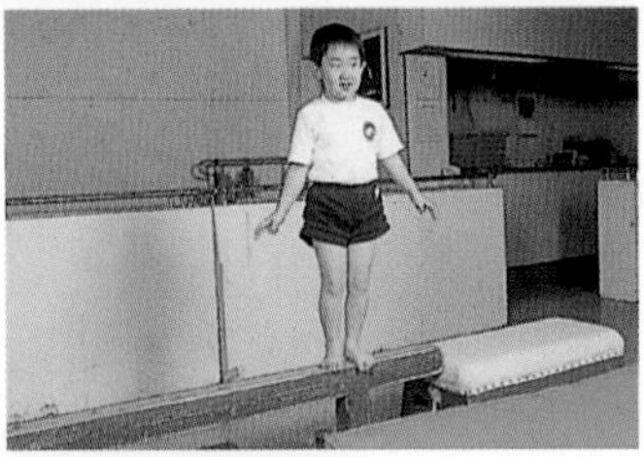

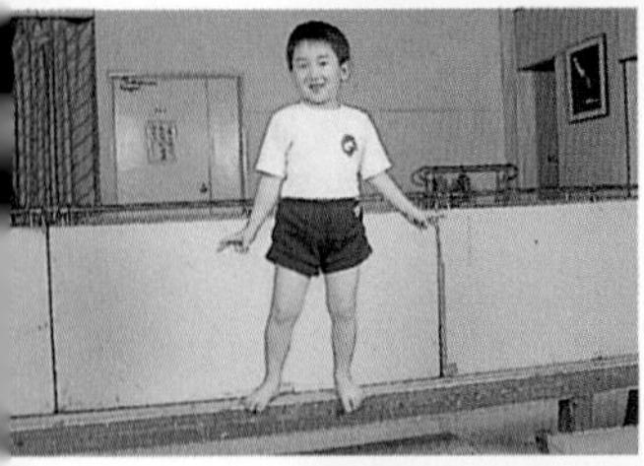

懸垂雙腿前翻

雙手緊緊抓住單槓，一隻腳置於單槓上，接著，兩腳穿過雙臂之間，身體轉一圈。

利用單槓做運動的重點，在於要用雙手支撐體重。其次配合手臂的肌肉和關節的發達度，循序漸進的訓練「吊單槓」及「懸垂雙腿前翻」的動作。

做「翻滾」的動作，同時移動頭的位置，能夠有效的刺激腦部功能。

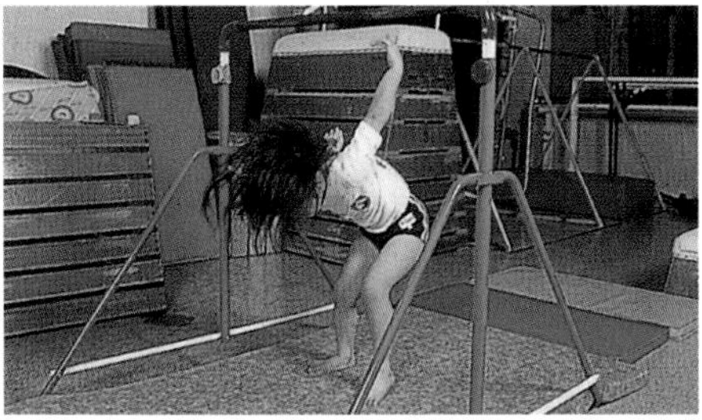

爬梯子

配合雙手、雙腳的動作練習爬梯子。為避免反效果，雙腳要穩穩的支撐身體（頭不可朝後倒），同時配合腳的動作，手往上抬。一腳踩空或集中注意力在腳部而忽略手的動作時容易出錯。

父母可以從旁協助，教導孩子如何取得手腳動作的平衡。

【專欄】歌德的記憶術在於歌曲！

二到三歲的孩子是「記憶的天才」。在這時期進行記憶訓練，有助於促進智能的發達。

德國著名的詩人歌德，不到一歲時，父親就為其進行記憶訓練。身為軍人的父親雖然非常嚴格，但是卻很疼愛這個獨生子。散步時，經常會將歌德抱在手臂上，讓他看街上的景色和過往的人群，同時邊走邊告訴他街道的地理及歷史等，教導歌德各種知識。

此外，父親從小就讓歌德聽很多的童謠，藉此學習許多詞彙，結果歌德四歲時就會閱讀。

最初是一邊閱讀印有歌詞的本子一邊唱歌。因此，天才記憶術是以歌曲為基本。

不過，就算從小開始進行記憶訓練，但如果不持續下去，則原本記住的事情也會忘記。所以，只有反覆練習，才是培養才能最好的方法。

大跳躍

從某一高度的跳箱大力跳躍，雙腳用力踏地，以伸直身體的狀態跳躍。

著地後，避免身體往後倒，好像抱住身體似的，雙腳穩健的站在地上。剛開始雙腳無法同時落地，等到習慣後，就可以同時著地。

從高處落下時，會自然張開雙手以取得平衡。

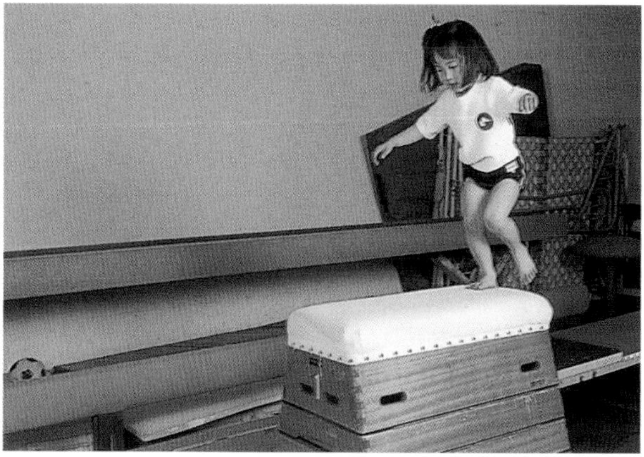

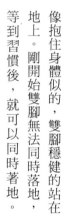

過橋

接著，雙腳踩在兩根分開的木頭上練習走路。沒有支撐，雙腳張開，練習過橋的動作，這需要相當高的平衡感。訓練腳的張開度及肌肉的發達時，配合孩子的成長情況，從旁給予協助。讓孩子從四肢跪地爬行開始，逐步訓練到能夠站立走路。

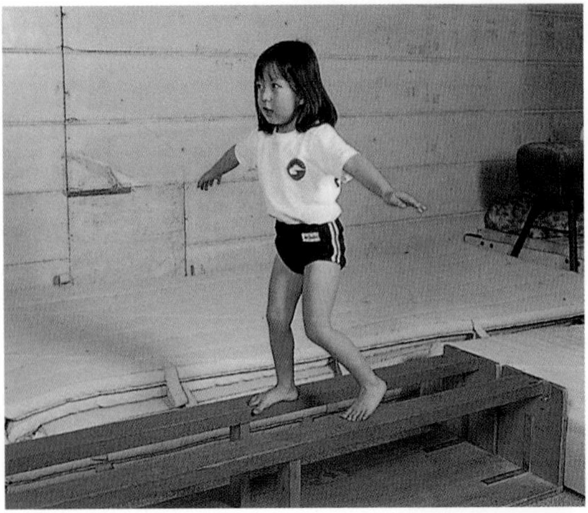

四肢爬行過橋

以四肢爬行的狀態渡過兩根木頭。要求三歲以下的孩子維持平衡、站立走過木頭相當困難，可以採取爬行的姿勢過橋。

基本上，要有適合活動的場所。剛開始腳容易踩空或膝跪地，等到手腳肌肉發達、習慣之後，就可以用手腳支撐身體，順利的過橋。

利用跳床開腳跳躍

利用跳床培養跳躍力。掌握時機，雙手扶住東西，跳過檯子。用雙臂支撐體重，把握最佳時機，張開雙腳跳躍。

培養「手扶地」、「腳張開」、「鬆手」等各種動作之後，就可以開始進行練習。

最初頭容易往後仰或坐在檯子上，這時可以從旁協助，教導孩子如何跳過檯子。

在地上跑

讓孩子在鋪有墊子的地上跑，避免跑出墊子外。

讓孩子用頭腦意識到跑的場所，是能夠有效活化腦功能的運動。

此外，可以在跑道上放置障礙物或做出彎曲的跑道，這樣就能夠訓練孩子保持平衡，同時學會跑步的方法。

收拾整理

收拾整理器具，能培養孩子「搬運東西」的能力。

而且和朋友一起抬比自己身體更大、更重的東西，可以學會「互助合作」，這對孩子的成長而言具有正面的影響。

總之，在培養孩子自發性的同時，也要讓他學習協調性及「物歸原位」的基本教養。

繪畫、勞作

不只是吊單槓或打球，對於成長有幫助的手指運動，還包括用蠟筆畫畫、用剪刀剪圖畫紙或貼色紙等。

繪畫、勞作能夠豐富孩子的感受性，刺激右腦發達。因此，對於孩子的身心發育而言，繪畫和勞作是不可或缺的。

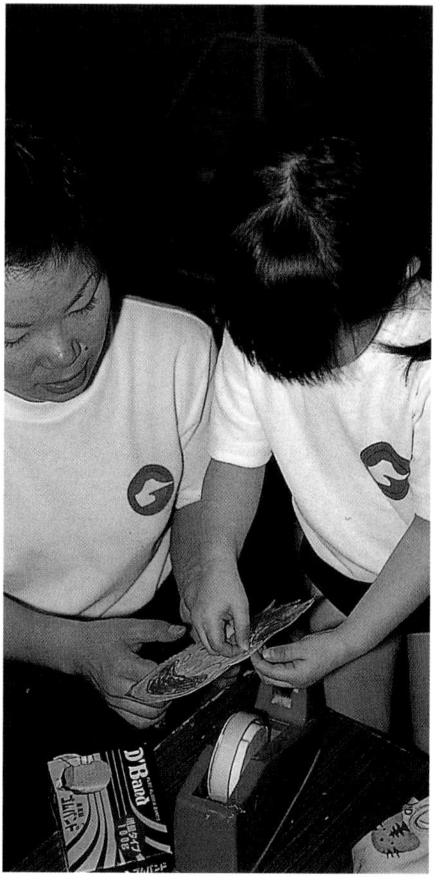

20級

19級

18級

17級

能夠在低地進行側面滾動
大聲打招呼

16級

吊單槓
（可以擺盪二~三次）

15級

可以從跳箱（1層）跳下來

14級

會翻筋斗（平面）

13級

能夠跳上跳箱（1層）及
跳下跳箱（1層）

12級

做出猴子掛在單槓上的動作
可以在平地側轉翻筋斗

11級

助跑後雙腳用力跳上跳
箱再跳下跳箱

在富士運動社的兒童檢定中，若在以下年齡取得該級，則證明具有普通的運動能力。

20、19級……2歲
18～16級……3歲
15～13級……4歲
12、11級……5歲

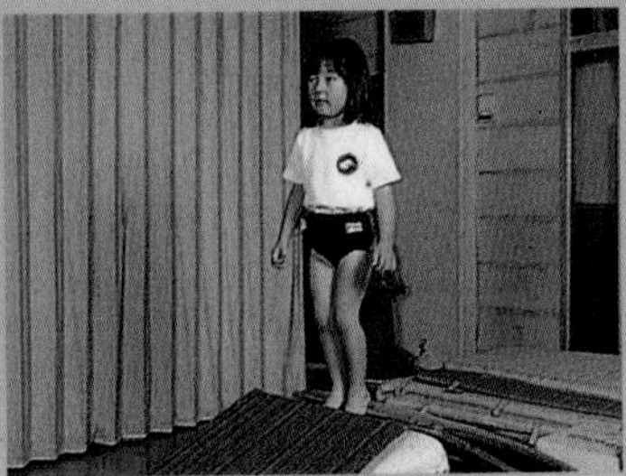

第3章 精通走路和跑步的基本動作

Super Child

主編／野口　一（亞西克斯株式會社）

精通走路和跑步的基本動作

攝影／清宮順
插圖／田尻喜代子

跑步是運動的基礎，所有的運動都始於跑步。
當然，不是隨便亂跑就可以得到效果，
否則不僅容易受傷，甚至會抑制成長。
為了促進兒童身體健全的成長，
精通正確的跑步和走路姿勢非常重要。
而保持正確姿勢不可或缺的物品就是『鞋子』。
即使以正確的姿勢走路，但穿著不合腳或對身體會造成多餘負擔的鞋子，就無法維持正確的姿勢。
因此，必須了解孩子腳的特徵，為他選擇正確的鞋子。

孩子的腳的特徵

嬰兒的腳幾乎都是軟骨

剛出生的嬰兒尚未形成健全的骨，幾乎都是由軟骨所構成。開始發育之後，鈣質會慢慢的蓄積而變化為硬骨（這種變化稱為骨化）。過了四歲之後，骨頭數目大致已經成長齊全，但是，每一根骨頭都還很小，呈現分離狀態，所以，容易變形，非常脆弱。直到十八歲時，腳的骨化才會完全結束。因此，在高中三年級之前，腳還是可能會變大。

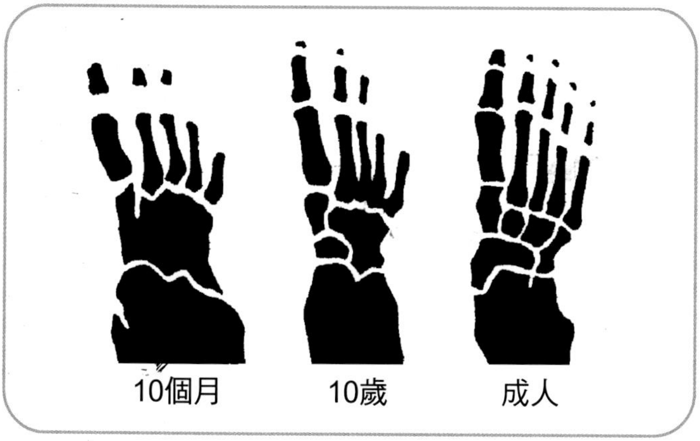

孩子的腳是較寬的扁平足

成人和兒童腳形的均衡度有相當大的差距。與成人相較，孩子的腳其一大特徵，就是腳寬與腳長之比較大，腳趾呈現擴張的扇形。

整體而言，零歲到兩歲孩子的腳，被厚的脂肪所覆蓋，幾乎沒有腳底心。因此，很多家長會擔心「我的孩子是不是扁平足？」

當然不是。三到四歲時，腳底心會急速發育，六到七歲時則發展為與成人同樣的形狀。

此外，孩子與成人相比，腳的彎曲位置（腳趾的彎曲位置）較靠近腳跟。這是因為孩子的腳趾比成人更長的緣故。嬰兒的腳骨是軟骨狀態，跟骨也不成熟，為了加以平衡，所以腳趾比較長。

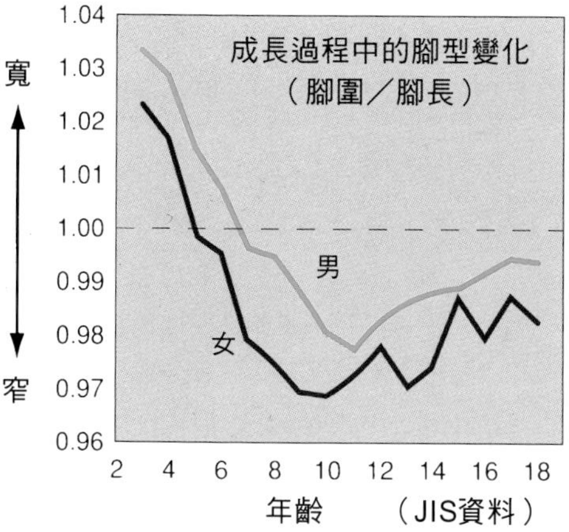

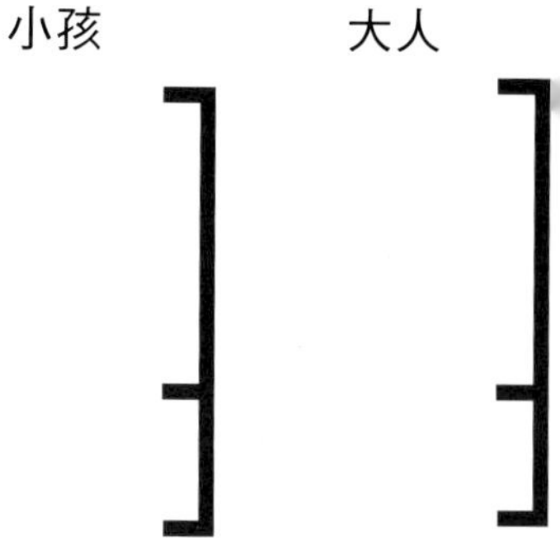

孩子是整個腳底貼在地面走路

孩子與成人的走路方式截然不同。成人的腳跟先著地，兩歲大的孩子則是整個腳底先著地。樓下的人聽得見樓上孩子的腳步聲，理由就在於此。六歲大的孩子，走路方式與成人相同——腳跟先著地，腳的外側著地後，重心慢慢的移到前腳部，最後是以拇趾根部踢地的方式前進。

開始學走路時是O形腳，四歲時是X形腳

有的父母會擔心自己的孩子可能是O形腳或X形腳。

看到蹣跚學步的孩子，千萬不要慌張的想「糟了，我的孩子是O形腳」。這個時期的孩子，腳的韌帶和肌肉尚未完全發達，無法支撐自己的體重，因此，自然就會有O形腳的傾向。

等到大約四歲時，又會出現嚴重的X形腳的傾向。這是因為下肢發達，膝朝向內側所引起的。在成長的過程中，會出現這種普遍的狀態，不必擔心。

不過，若是O形腳或X形腳一直無法改善或產生膝痛，那麼，就要去看專科醫師了。

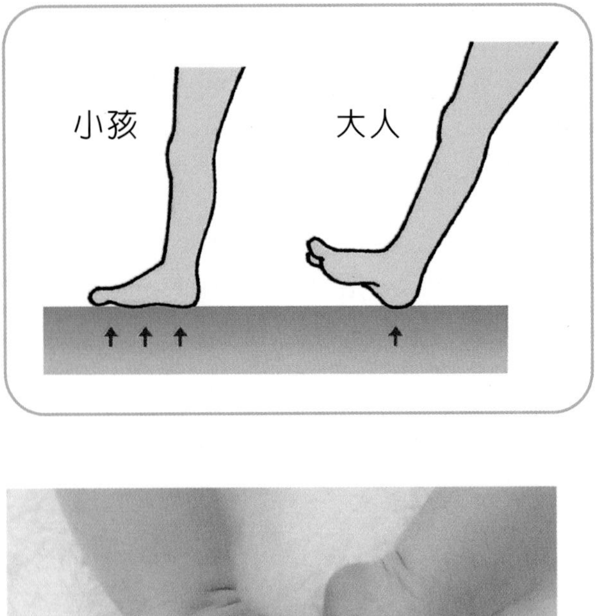

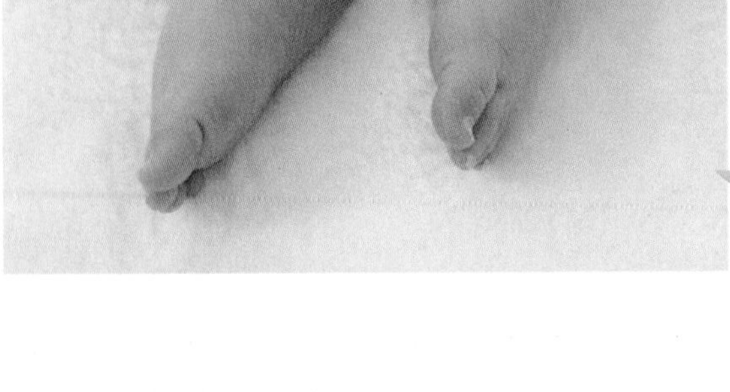

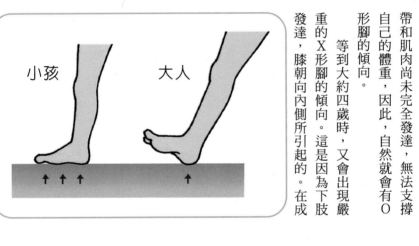

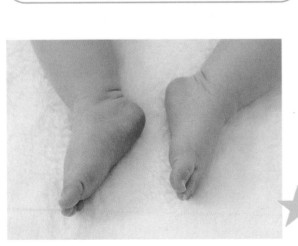

不只是腳底心，腳共有四個拱形

人體全部的體重完全依賴兩條腿和兩個腳底加以支撐。

腳底的面積，佔人體表面積的一%。只有一%，怎麼能夠支撐全身呢？其秘密就在於拱形。

人類的腳共有四個拱形。

「咦，除了腳底心之外還有其他的拱形嗎？」

也許你會感到很驚訝。但只要看下圖，就可以知道人類的腳有稱為腳底心的①內側的縱拱形、②外側（小趾側）的縱拱形、③蹠骨拱形和④腳根部的橫拱形。

這些拱形具有吸收衝擊的「緩衝墊」的作用，可以支撐身體，避免身體晃動，同時在走路、跑步、跳躍、突然停止、突然改變方向之際，能夠發揮作用。

三歲到四歲時會形成重要的拱形。在這個時期，如果不讓腳趾充分活動，則拱形無法充分發育，這會對以後的運動能力造成極大的障礙。因此，要讓孩子赤腳在草地上走路，或親子利用腳趾玩遊戲（參照五十八頁），讓孩子積極的活動腳趾。

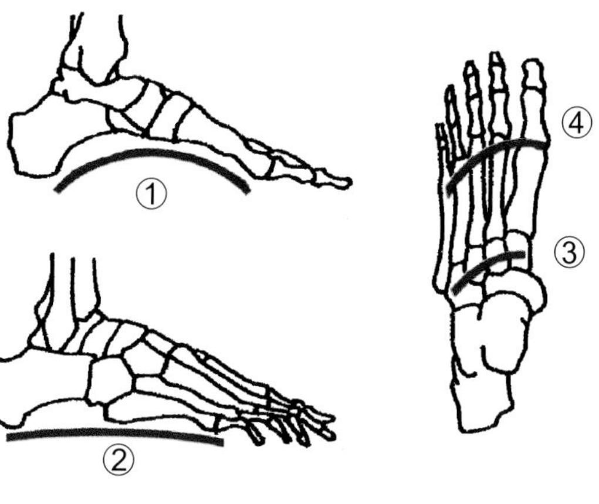

選擇鞋子的正確方法

正確選擇鞋子的重點

在孩子不會走路之前，對於鞋子的認識度極高的歐美國家就會讓孩子穿鞋子，培養穿鞋習慣。

此外，歐美國家的父母特別重視出生後初次穿的「第一雙鞋」，注重素材的吸溼性、伸縮性，會選擇天然皮革製品，而且可以配合腳進行細部調整的綁鞋帶式鞋子。

國人對於鞋子的認識度較低，但是為孩子選擇一雙好鞋是父母的責任。鞋子會對孩子的身體造成各種影響。因此，不要只注意顏色、價格或款式，而要選擇可以保護孩子柔軟、不易變形，不妨礙腳的鞋子。

以下提供為孩子選鞋的重點，

①**鞋跟**…選擇能夠牢牢支撐並固定孩子柔軟腳跟的鞋跟。最好選擇用手扭轉時不會輕易變形而且具有適當硬度的鞋跟。

②**前緣**…走路時能夠讓孩子的腳趾穩穩的抓住地面，所以最好選擇不會壓迫腳趾、擁有腳趾可以自由活動的寬度及厚度（高度）的前緣。

⑤**素材**…孩子的腳容易大量出汗，因此最好選擇吸溼性、通氣性、彈性及伸縮性良好的鞋子。

⑥**鞋帶**…選擇可以配合腳背高度做細部調整的綁鞋帶鞋子。此外，在還沒有進行劇烈動作而開始學走路時，可以選擇能夠減輕母親負擔的附有魔術沾的鞋子。

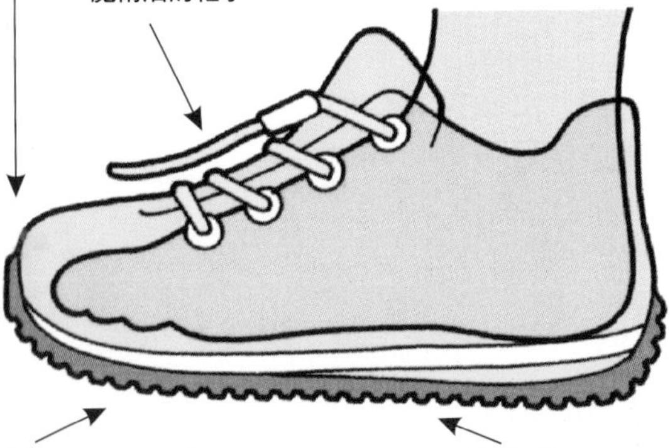

③**鞋底**…能夠緩和來自地面的衝擊為佳。適度的刺激，可以促進孩子的腳成長。要避免鞋底太厚，最好具有適當的彈性。蹣跚學步的孩子，還不會用腳趾踢地，選擇前緣部分往後仰的鞋子，較不易絆倒。

④**鞋底的彎曲位置**…鞋子必須在腳彎曲的部分彎曲。用雙手夾住鞋子的前方及後方試著彎曲，這時的鞋底並非在正中央對摺，而是在距離前方 3 分之1處彎曲，這才是好的鞋子。

希望父母能替孩子選一雙好鞋。

最好在下午買鞋，試穿後再購買

即使是好鞋，但不適合孩子就沒有任何意義。

不只是孩子，建議各位在買鞋時一定要試穿。買鞋時間最好選在腳膨脹的下午時段。試穿時站起來走走看，坐著和站著的重心位置不同，腳會往前方挪移。

最困難的是選擇尺寸。如果因為孩子成長快速而買較大的鞋子，則就算是好鞋也無法發揮其優點。必須配合腳跟，選擇前緣腳趾處尚餘五毫米到一公分縫隙的鞋子。按壓腳趾的部分會稍微陷凹的鞋子才是適合的尺寸。

孩子的鞋子至少每半年要更換一次

「鞋子太緊，腳好痛喔！」有的孩子會抱怨，但是，有的孩子卻會勉強的繼續穿。三歲到五歲孩子的腳，每年約會成長八．五毫米，所以，孩子的鞋至少需要每半年更換一次。

不過，這只是大致的標準。有的孩子會長得很快，要特別注意。檢查腳是否緊貼於鞋子的後跟，腳趾有無頂住鞋子前緣。

每天穿著活動的強韌鞋子會慢慢的變形，若是鞋跟變形或腳趾產生疼痛，就要立刻換鞋。

不合腳鞋子的缺點

長時間穿不合腳的鞋子，容易引起槌狀趾、拇趾外翻或扁平足等足部障礙。此外，鞋底較硬、很難彎曲的鞋子，會造成腳底的負擔，導致姿勢不良，損傷膝或腰。即使不嚴重，但只要穿不合腳的鞋子，就無法隨心所欲的跑、跳。讓孩子穿合腳的鞋子盡情的遊玩，才能夠促進孩子的運動機能發達。

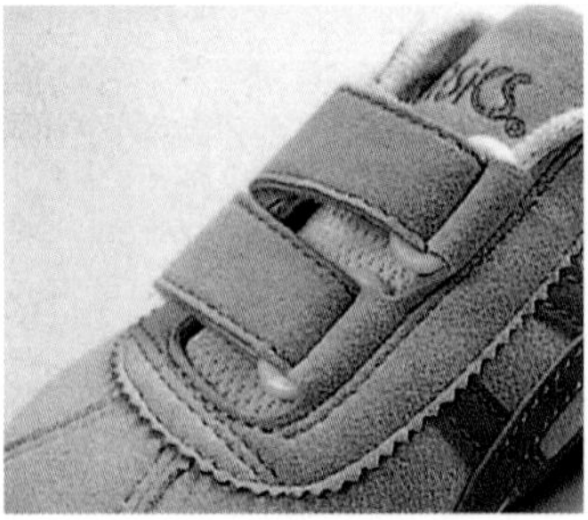

槌狀趾

腳趾變形成為山形的症狀。

持續穿著太小或太大的鞋子，腳在鞋內往前滑動，腳趾經常不自然的用力。在腳趾彎曲的狀態下，關節容易僵硬。

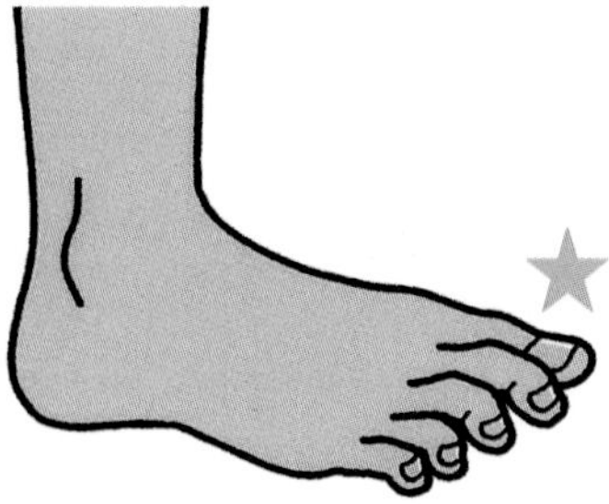

拇趾外翻

腳的拇趾朝外側（小趾側）彎曲的狀態。嚴重時，不只腳會疼痛，甚至會損傷膝和腰，引起肩膀酸痛或頭痛的症狀。

一般人認為女性穿高跟鞋或尖頭鞋才會引起這種症狀，事實上，多半是因為形成腳的橫拱形（蹠骨拱形）的韌帶（連接骨與骨的部分）鬆弛所致。孩子或男性也會出現這種症狀。

症狀嚴重時必須動手術，但輕微時，只要藉著腳趾運動或穿適當的鞋子就可以治療。出現疑似症狀時，要盡早去看專科醫師。

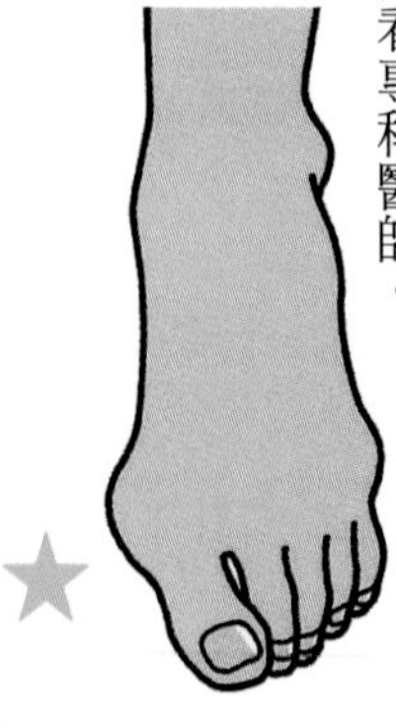

扁平足

拱形（腳底心）整個貼於地面的狀態。由於無法吸收來自地面的衝擊，所以，會導致刺激直接侵襲膝蓋和腰部，使得腳容易疲累，同時成為腰痛等的原因。

真性扁平足是骨骼本身扁平的狀態，必須動手術治療，但這是較罕見的例子。大部分的扁平足是因為韌帶和肌肉發育狀態不良而引起的。這時，可以穿正確的鞋子，積極的走路，藉著腳趾的運動等加以改善。

三歲時形成拱形，若是到了六歲時還沒有出現拱形，那麼就要去看專科醫師了。

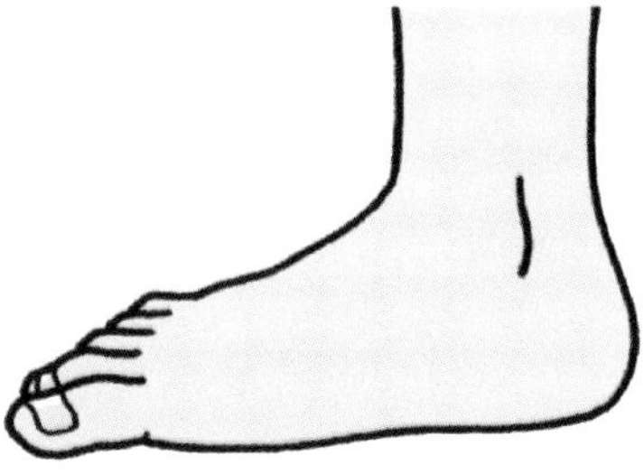

穿著不易彎曲的鞋子所引起的症狀

穿著不易彎曲的鞋子，必須用更多的力量使鞋子彎曲才能走路。成人穿較硬的鞋子，可以靠自己的力量彎曲鞋子，但是，孩子的肌力不足根本做不到，結果使得腳和腰形成不自然彎曲的走路姿勢。走路姿勢不良，容易損傷膝蓋或腰部。

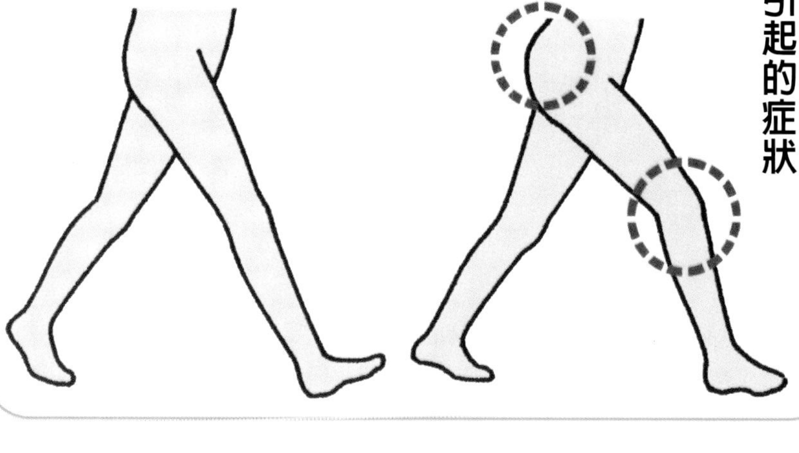

走路&跑步的基礎

父母要示範正確的姿勢給孩子看

走路時，雙腳會穩穩的踩在地面上，所以，最好穿較寬且具有彎曲性的鞋子。

跑步對腳造成的負擔極大，故要選擇能夠支撐富於彈性的腳跟、具有穩定性的鞋子。

無論是走路或跑步，請您參考四十八頁的說明來選購兒童用的鞋子。挑選正確的鞋子，以正確的姿勢練習走路。

以正確的姿勢走路，可以培養基礎體力，鍛鍊背肌和腹肌。而以錯誤的姿勢走路，則除了無法充分鍛鍊身體之外，甚至會導致背骨變形、骨盆歪斜，最後，引起內臟疾病。一旦習慣錯誤的走路方式就很難加以矯正。所以，一開始就要教導孩子正確的走路方式，避免養成不良習慣。

雖然很難要求兩到三歲的孩子以正確的姿勢練習走路，但是，子女會模仿父母，所以，父母必須要以身作則，才能讓孩子學會正確的走路姿勢。

近年來，兒童的運動能力有降低的傾向，原因就在於孩子在外活動身體的機會減少了。基於環境和安全等的考量，許多家長會禁止孩子在外遊玩。在這種情況下，不妨每週一次親子一起外出散步。除了為孩子示範正確的走路姿勢之外，還必須教他認識交通規則及危險的場所等。

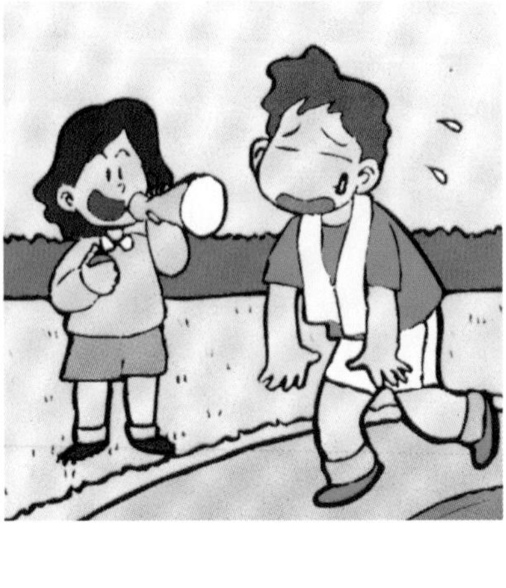

跑步的基本在於L·S·D

大部分的孩子都喜歡跑步，但若是不以正確的姿勢跑步，則容易跌倒而損傷腳踝或膝。

基本上，正確的跑步姿勢和走路姿勢是相同的。跑步時要挺直背肌，直視前方，手臂朝前後擺盪，同時放鬆身體，避免過度僵硬。馬拉松選手甚至會面帶微笑，提醒自己放鬆力量。

建議初學者採取『L·S·D訓練』，這就是Long·Slow·Distance的簡稱，亦即實行長、緩慢、長距離跑步的訓練法。

跑步的步調最好維持能夠交談的速度。以一公里跑八到九分鐘的步調，花三十分鐘到一小時跑完三到七公里。

切記，最初要選擇起伏小的平坦路線，而且避免固定跑左側或右側。為使路面排水良好，通常道路的中央會稍微隆起，兩端朝斜下方傾斜。如果經常在右側（或左側）練跑，則身體會逐漸朝該側傾斜而損傷腰部和背部。因此，在練習跑步時，最好跑在道路的正中央或左右側交互輪流跑。

親子一起跑步時，可以一邊欣賞沿途風光一邊閒聊，藉此不僅孩子能夠成為頂尖的運動員，父母也能得到健康，同時，可以促進家庭關係的圓滿。

★正確的走路姿勢★

①背部
挺直背肌，放鬆肩膀的力量，避免腰部上下搖動。
②頭部
收下顎直視正前方十公尺處。
③手臂
手肘稍微彎曲，肩膀以下的手臂朝前後大幅度擺動。
④膝
盡量伸直，從腰到整條腿朝前邁步，感覺腳好像從心窩長出來似的。

⑤著地

　腳跟先著地，腳底慢慢的踩在地面上，體重朝腳趾的方向移動。這時候，腳趾和膝筆直朝向前方，張開腳趾抓住地面，最後用腳的拇趾內側（拇趾球）用力踢地。為了使孩子跑得更快，就要讓他養成用「拇趾球」踢地的習慣。

★正確的跑步姿勢★

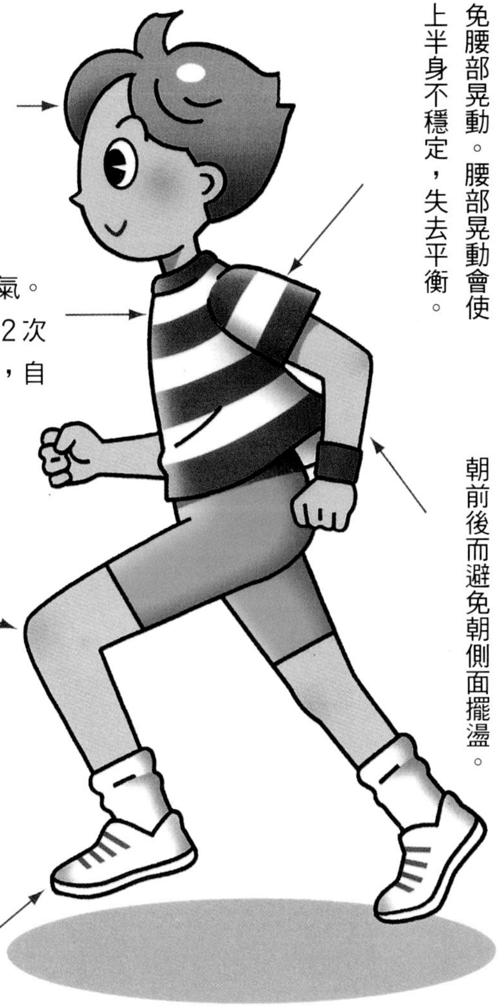

①背部

放鬆上半身的力量，避免腰部晃動。腰部晃動會使上半身不穩定，失去平衡。

②頭部

直視前方，收下顎。收下顎可以使呼吸變得更輕鬆。

③呼吸

重點在於必須吸飽空氣。採取吸吸吐吐的方式，吸２次、吐２次。只要盡量吐氣，自然就能夠吸飽氣。

④膝

跑步著地時，腳會承受三倍體重的負擔。著地時要稍微彎腰，讓膝具有緩衝的作用，這樣就可以緩和著地時的衝擊。

⑤手臂

放鬆肩膀的力量，手臂朝前後而避免朝側面擺盪。

⑥著地

腳跟先著地，用腳趾（拇趾根部）踢地。與其說是前進，不如說是以腳往上抬的方式踢地。

提高腳部機能的訓練

以下為各位介紹能夠訓練親子提高腳部機能的輕鬆方法。一味的走路或跑步，那麼，孩子很快的就會感到厭倦。最好加入各種遊戲，使得訓練更為持久。配合孩子的年紀，不要勉強，快樂的進行訓練。

選鞋的重點

選擇能夠牢牢支撐孩子柔軟腳跟並加以固定的鞋子。換言之，就是用手扭轉鞋跟時，不會輕易彎曲且具有適當硬度的鞋子較好。

手牽手跳躍

扶住孩子的手，協助他跳躍。配合節奏跳高、跳低。父母不必移動，只需要輔助孩子，讓他往上跳就可以了。

不要抓住孩子的手，而要讓孩子主動抓住父母的手。這樣孩子才會積極的遊玩，快樂的進行訓練。

防止拇趾外翻或扁平足的訓練

拇趾外翻或扁平足等腳部的問題，都是因為腳的肌肉和韌帶不夠發達（或衰弱）所致。以下就介紹能夠以玩遊戲的心情快樂訓練腳的方法。不要抱持「好難看啊！」的輕蔑心態，要和孩子一起進行訓練。

抓毛巾

將毛巾攤開在地，坐在椅子或地上，伸縮腳趾，先利用腳趾將毛巾抓起來的人獲勝。

疊杯子遊戲

準備五個紙杯。坐在椅子上，用腳趾抓紙杯，將紙杯重疊。最先疊完五個紙杯的人獲勝。

用腳趾畫畫

用腳的拇趾和食趾夾住鉛筆畫畫。從圓形、三角形、四角形等簡單的圖形開始，慢慢的向困難的圖形挑戰。

腳趾猜拳遊戲

利用腳趾猜拳。腳趾完全收縮是拳頭，腳趾用力張開是布，拇趾和食趾朝前後擴張則是剪刀。雖然布和剪刀的動作比較困難，但只需要多練習幾次就可以學會。

第4章 兒童游泳

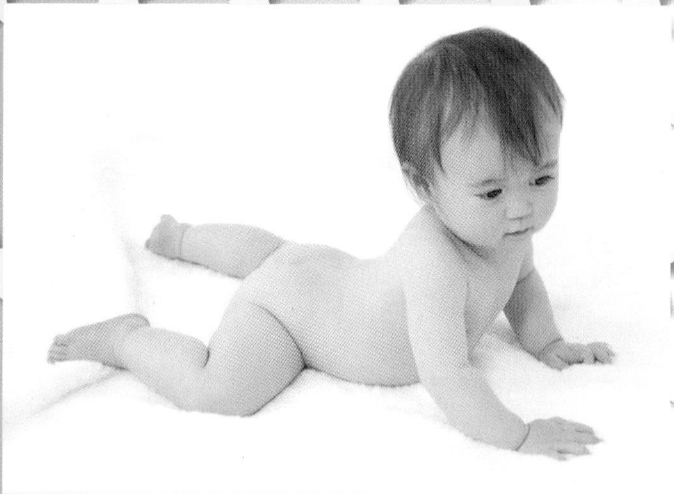

主編／中央運動研究所

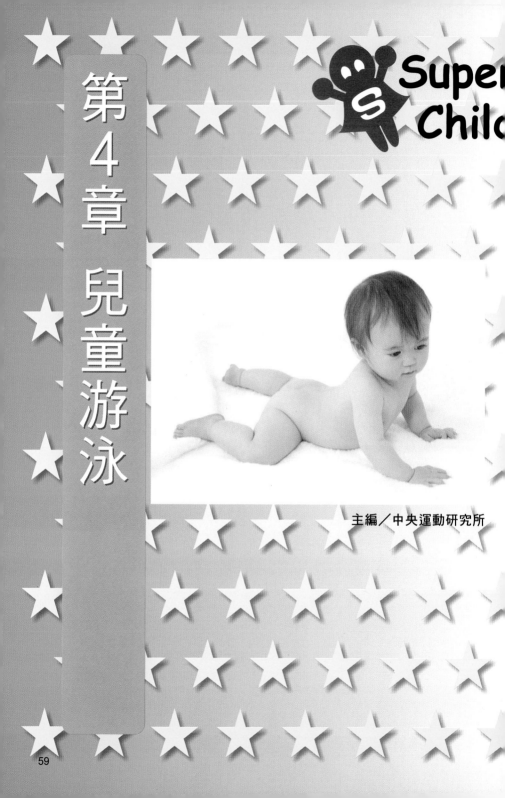

由於是全身運動，所以能夠使身心放鬆
讓孩子健康成長的兒童游泳

任何人都能夠輕鬆的享受游泳之樂。游泳是很棒的親子活動，而且可以培養出強健的孩子。

攝影／清宮順

游泳是極佳的親子活動

在水中受到重力的影響較低，不會直接對體重造成負擔，所以，游泳比田徑賽更不會造成身體的負擔，是非常適合孩子的運動。孩子一出生就擁有浮於水面的能力，可以輕鬆的開始學習游泳。

此外，對於孩子們的健康及成長，使用全身肌肉的游泳具有各種效果。一到六歲時，人類一生的腦細胞約會形成百分之九十。在這個時期做全身運動，不但可以刺激腦部發達，而且有助於呼吸器官的發達。

許多母親紛紛表示，孩子學會游泳後，變得「不容易感冒」、「食慾大增」、「容易熟睡」、「個性更為開朗」，對於成長和健康等各方面都產生效果。

母親和嬰兒期的孩子一起在水中運動，能夠消除壓力，快樂的育兒，同時加深親子之間的繫絆，提高彼此的信賴感，藉此就能培育出個性積極開朗的孩子。

等孩子習慣後再開始「嬰兒游泳」

未滿三歲嬰兒期的游泳，由於孩子的肌肉不成熟，所以，必須和母親（或父親）一起運動。

就從習慣水開始吧！

習慣水之後，就可以潛到水中或做打水等簡單的腳部運動。

一般的嬰兒在水中十分悠游自在。與平時完全不同的水中環境，可以刺激孩子的好奇心。

培養孩子的好奇心，也是母親

的重要責任之一。

此外，在「潛水」、「跳水」等與母親分開的情況下，孩子容易吵鬧，這時不要大聲斥責，應該等孩子慢慢習慣。讓孩子循序漸進，主動學習，母親只要扮演輔助者的角色即可。

與母親分開而學習游泳法基礎的「幼兒游泳」

在三歲前開始學游泳的孩子，則在三歲後的幼兒期就能夠離開母親的身邊，培養出可以在水中自立游泳的能力。

首先，教導孩子「踢壁游出」或「仰式」等，在水中能夠保持身體水平的動作。

最初，母親在旁輔助，讓孩子學會在水中游泳的姿勢。

學會正確姿勢後，接著是手腳的動作。最初是打水和手的動作，循序漸進的加以訓練。只要精通手腳各種的動作，就可以均衡活動手腳來游泳。

學會手腳的動作後，就要學習呼吸法。游泳時要有節奏的呼吸。藉著手、腳、呼吸的搭配組合，建立正式游泳法的基礎。

這個時期的游泳能力，因各人體格而異，父母則需避免拿自己的孩子和別人比較。不要操之過急，視孩子身心發達的情況，讓他享受游泳的樂趣。

注意孩子的健康狀態！

如果游泳影響到孩子的健康，快樂的育兒時間就都浪費掉了。一旦眼睛或耳朵罹患疾病，那麼，游泳可能會危害健康，甚至使症狀惡化。因此，要到醫院做健康檢查，得到醫師的許可後，才可以開始游泳。尤其是月齡期的嬰兒，父母容易忽略孩子的疾病，必須讓醫師檢查，掌握其健康狀態。

此外，正在小兒科、眼科、耳鼻喉科或皮膚科接受檢查的孩子，也要取得醫師的許可才能夠游泳。然而依症狀不同而有不同，有時游泳反而會使症狀好轉。不過，還是要與醫師保持聯絡，觀察經過。

健康檢查結束後，就可以和孩子一起享受游泳之樂，同時創造強健的身心。

嬰兒篇

示範／真加優菜

搖晃

母親用手扶住孩子的兩側，慢慢的將身體朝左右搖晃擺動。等孩子熟悉水後就能夠放鬆。

睡覺（仰躺）

母親扶著孩子的頭，讓孩子以仰躺的姿勢漂浮在水面上。從枕部到耳都浸泡在水中的姿勢較為適當。習慣之後，慢慢的將孩子朝左右移動，同時要避免口鼻進入水中。

睡覺（俯臥）

母親將孩子的下巴搭在自己的肩膀上，雙臂扶住孩子的身體。避免孩子漂浮在水面上吃到水。在放鬆的狀態下習慣水，體驗浮力的感覺。

【專欄】

嬰兒游泳時不可讓他吃到水

游泳和陸地上的比賽不同，是感覺不到流汗的運動。但事實上，游泳前後量體重就可以知道，游泳後的體重確實減輕了。而身體所流失的，當然就是排汗所損失的水分。

因此，和其他運動同樣的，游泳時也要補充水分。這時，最好採取『少量多次』的補充方式。每隔三十分鐘要補充一杯水。

此外，嬰兒在游泳時容易誤飲大量的游泳池水，必須注意。

上上下下

母親扶住孩子的腋下，讓他站著。雙臂伸直，慢慢的將孩子往上抬，再回到水中原先的位置。反覆上下移動，讓孩子感受到水花和水的阻力，逐漸習慣水。

踢壁（仰躺）

孩子的頭躺在母親的肩膀到手臂的部分，以仰躺的姿勢，腳踩在游泳池的牆壁。母親數「一、二、三」，然後和孩子一起踢壁，讓孩子掌握在水中移動的感覺。最初要扶住孩子的膝，慢慢進行踢壁的練習。

踢壁（俯臥）

母親用手扶住孩子的腋下，避免讓孩子喝到水。孩子的雙腳踩在游泳池的牆壁上，數「一、二、三」，踢壁。最初扶住孩子的膝，慢慢培養其在水中踢壁的感覺。

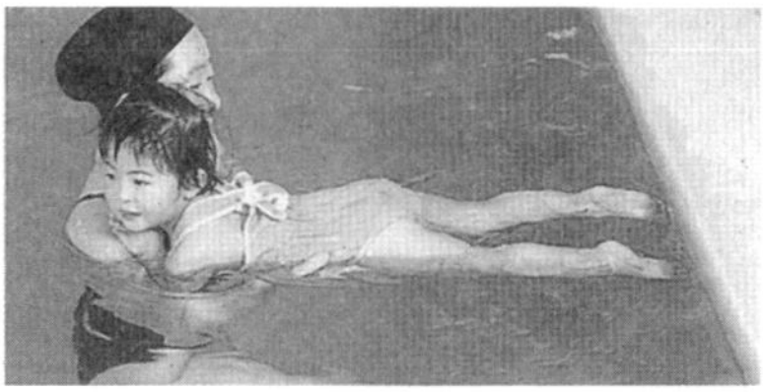

打水動作（俯臥）

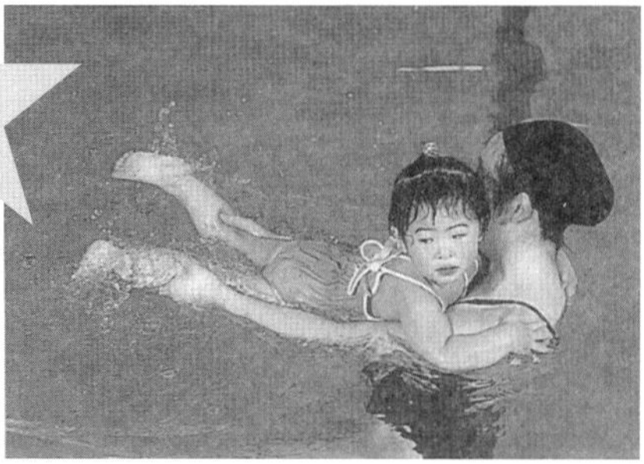

孩子的下巴抵住母親的肩膀，避免口鼻進水。母親用手掌扶住孩子的膝，口中念著「踢、踢」，讓孩子慢慢的上下移動。習慣之後，由孩子自己踢腿，掌握基本打水動作踢的感覺。

打水動作（仰躺）

母親在孩子體側支撐他的手臂，用手支撐他的腳，避免孩子喝到水。讓孩子的身體浮在水面上，並配合「踢、踢」的節奏，慢慢的使其活動腳。最初母親的手要抵住孩子膝的內側，協助支撐。

呼吸

練習進入水中之後不會喝到水的呼吸法。母親扶住孩子的腋下，和孩子一起進入池水中，讓水泡到嘴唇，但要避免進入鼻中。發出「噗噗噗噗」的聲音，在水中吐氣。接著「啪」一聲，口伸出水面。

潛入水中

和母親一起潛入水中

母親用雙手抓住孩子的手，和孩子一起同時將頭潛入水中。在心裡默數「一、二」，在數到三時，臉浮出水面。重點在於要一口氣潛入水中。若在中途停止，則可能會突然變成用口鼻呼吸，容易喝到水。

獨自潛入水中

讓孩子獨自潛入水中。不要只是停留在嘴巴或眼睛的位置，連頭都要潛入水中。在水中「噗噗噗噗」的吐氣，臉浮出水面時要「啪」的吐氣。

扶住游泳池邊潛入水中

離開母親的手，扶住游泳池邊潛入水中。頭也要慢慢的潛入水中。在水中「噗噗噗噗」的吐氣，臉浮出水面時則要「啪」的吐氣。

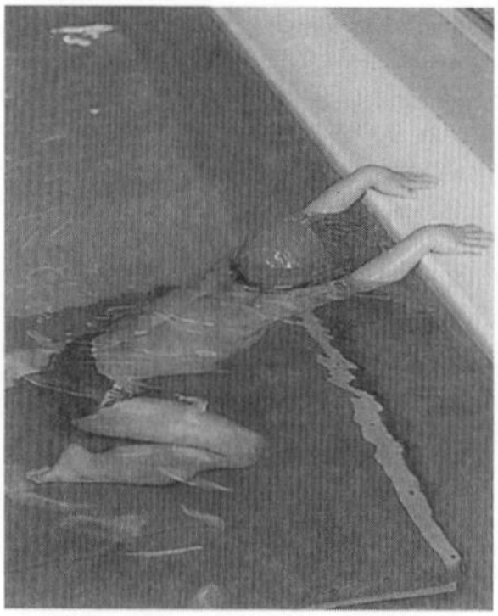

水中接傳

由指導者或父親牢牢的支撐孩子的腋下，使他的身體浮於水面。讓孩子潛入水中，直到額頭的高度為止。接著將孩子傳給站在一公尺遠的母親的手中。藉著這個動作，讓孩子掌握在水中漂浮移動的感覺。

坐下跳水

讓孩子坐在游泳池邊，母親則連肩膀都泡在水中，站在孩子的面前。張開雙手，數「一、二、三」，接住飛撲過來的孩子。在接住的同時，為了緩和孩子的衝力，要配合其跳入水中的時機，稍微將孩子拉到面前再抱住他。

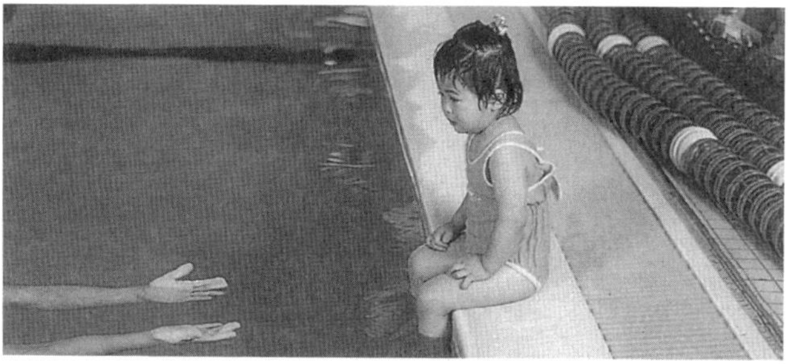

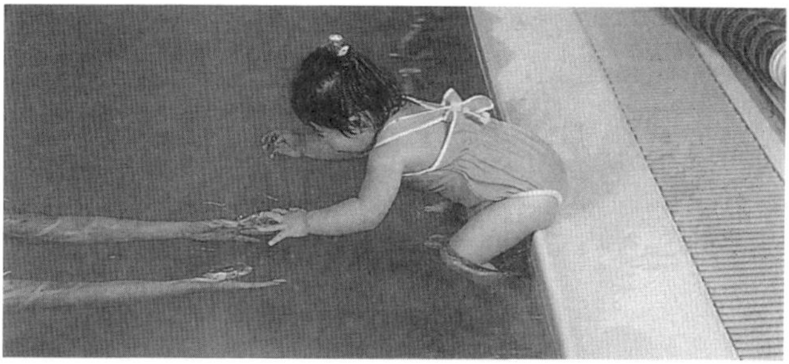

站立跳水

習慣坐下跳水之後，孩子站在游泳池邊，對準母親的胸前跳水。母親最好站在孩子跳入水中時能夠抓住其肩膀的位置。母親在接住孩子時，雙手要盡量張開，同時下達號令，這樣就可以消除孩子跳入水中的恐懼感。

在浮板上爬行

手肘在浮板上伸直，臉露出水面爬行。由於沒有水的阻力，所以比較輕鬆。能夠自然的伸直雙腿，形成浮於水面的姿勢。只用雙臂支撐身體。（示範者是五歲的幼兒）

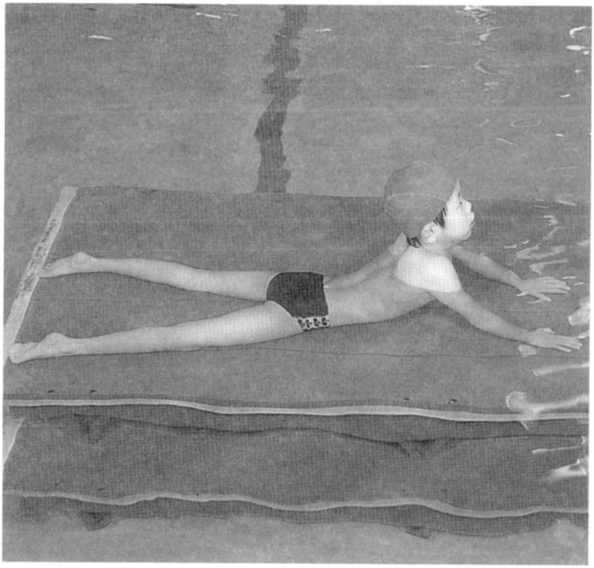

從一個浮板跳到另一個浮板

習慣跳向母親後，就會展現自動自發的行動。這時候，目標從母親變成浮板。習慣潛水，而且已經掌握浮游感覺之後，就可以拉大浮板之間的距離。跳入水中，等身體浮起來再調整到達另一塊浮板的距離。（示範者是五歲的幼兒）

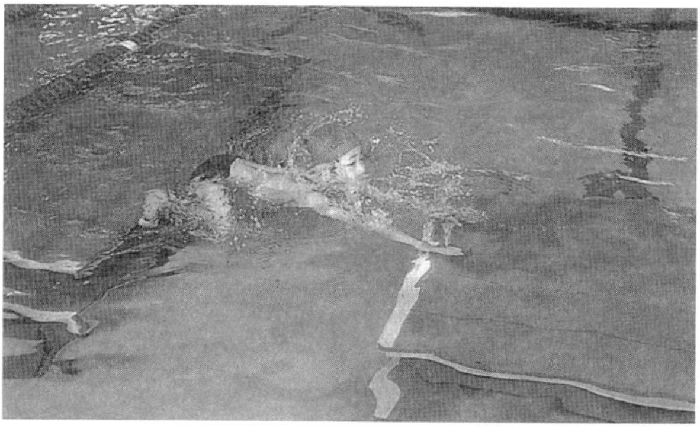

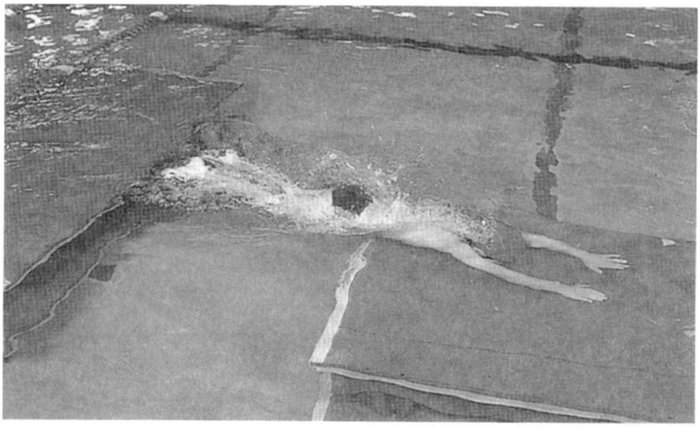

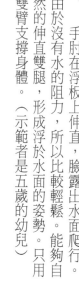

幼兒篇（三歲以上）★

示範／大谷侑輝

利用浮板跳躍

蹲在浮板上，大喊「一、二、三」，接著用力跳躍。雙手高舉伸直，一邊活動一邊感受水的阻力。反覆跳躍，就可以掌握與在陸地上不同的體重的變化，同時培養平衡感。

潛水跳躍

習慣跳躍後，蹲下來的同時將整個頭都埋入水中，然後再跳出水面。離開水面時，「啪」的用力吐氣，掌握一邊活動一邊呼吸的感覺。

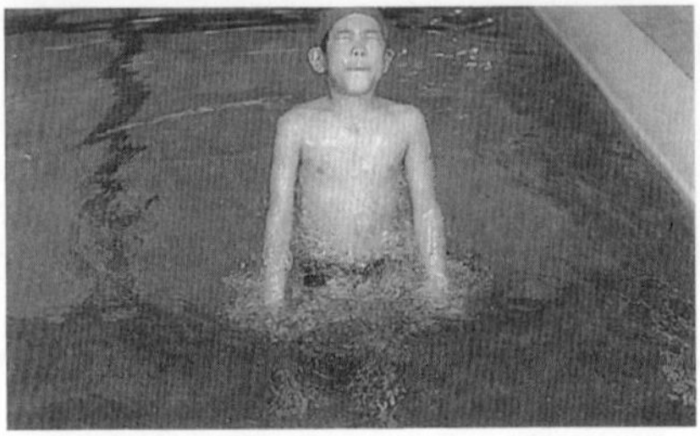

連續潛水

習慣一邊潛水一邊跳躍後，接著練習連續潛水移動。在距離游泳池邊五公尺處跳躍↓潛水↓跳躍……反覆進行，一邊呼吸一邊前進。練習連續呼吸，可以掌握換氣的感覺，並體會在水中如何控制身體。擔心的話，也可以扶住游泳池邊進行連續潛水。

進入游泳池前後的健康檢查

進入游泳池前，必須檢查孩子的身體狀況，若有任何不適，則當天最好不要游泳。

此外，游泳結束後要淋浴、沖洗身體，同時做健康檢查。尤其在結束後的一～二小時，要注意身體的變化。

游泳前……

○臉色是否和平常一樣
○食慾和心情是否和平常一樣
○是否在一小時前用完餐
○是否有發燒
○是否有咳嗽或流鼻水等症狀
○睡眠是否足夠
○其他方面是否有和平常不同的地方。

游泳後……

○臉色是否和平常一樣
○食慾和心情是否和平常一樣
○是否有噁心等的感覺
○是否有發燒
○是否有咳嗽或流鼻水等症狀
○游泳後過二十分鐘再用餐
○其他方面是否有和平常不同的地方

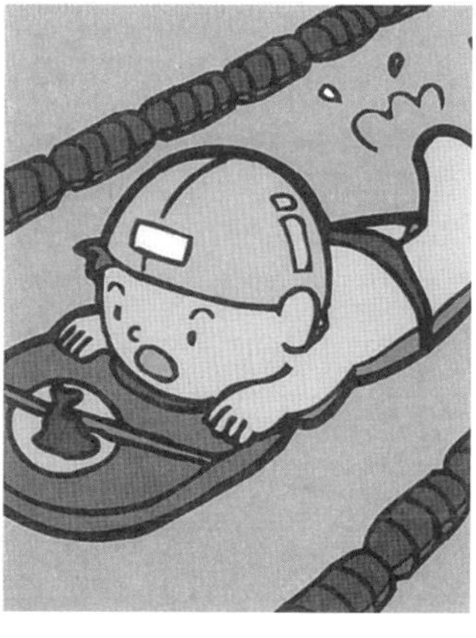

踢壁游出

用力踢游泳池壁，好像在水面滑行似的，在臉露出水面的狀態下前進。掌握在水中漂浮的感覺，以學習游泳法基本的身體水平姿勢。最初可以使用浮板，培養漂浮的感覺。習慣之後，不要使用浮板，自然掌握漂浮的姿勢。

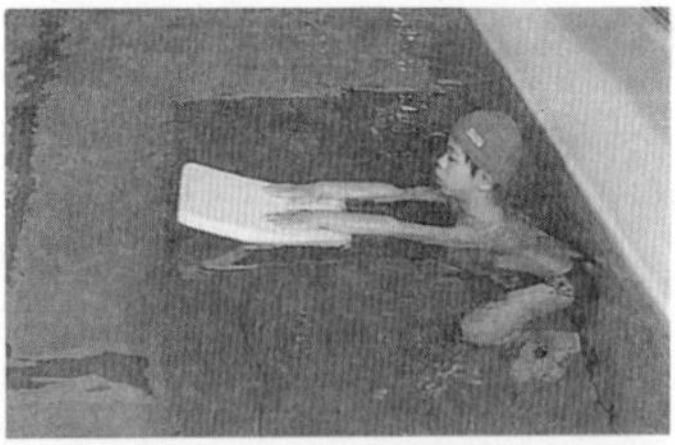

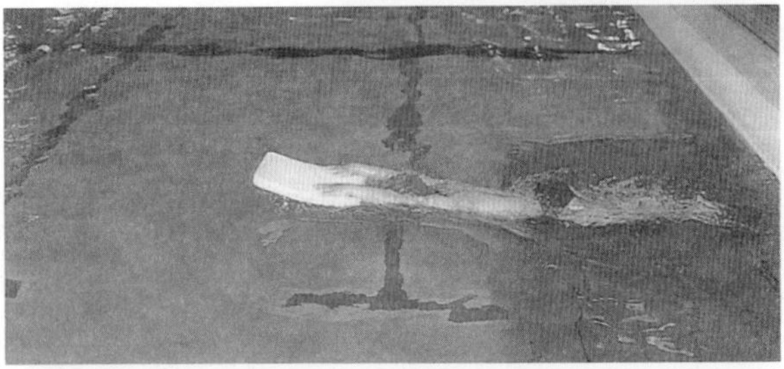

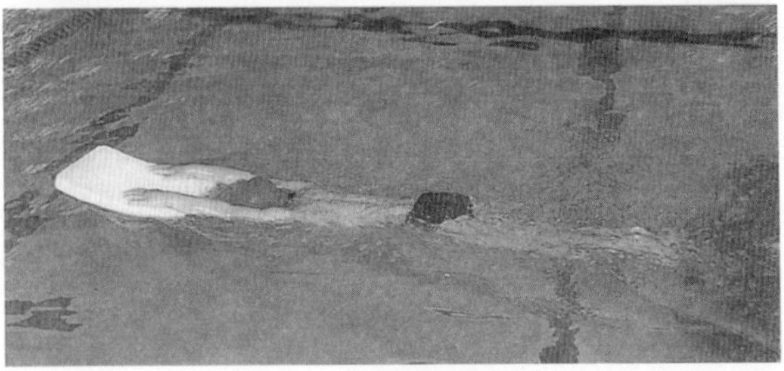

①最初使用浮板……

②習慣後不使用浮板……

自由式

能夠自己游泳後，就要學習正確的游泳動作。只要用心學習，則進步迅速，很快就能夠學會。

打水

坐下打水

坐在游泳池邊，用腳拍打水。利用自己的眼睛確認腳的動作，同時掌握在水中的感覺。

趴下打水

趴在游泳池邊打水。

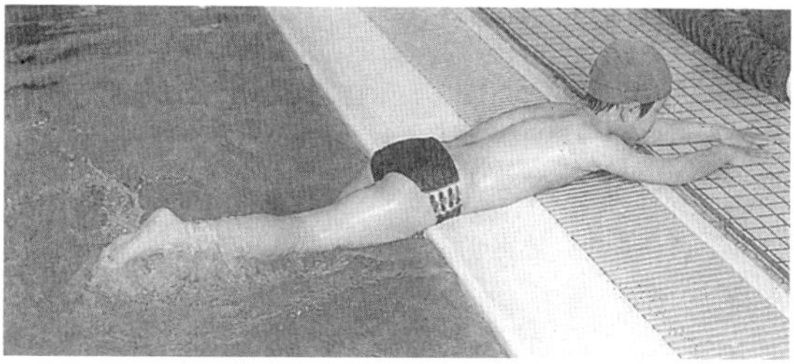

趴在浮板上打水

趴在浮板上，利用手肘來支撐身體，做打水動作。臉浸泡在水面練習呼吸的同時，做打水動作。

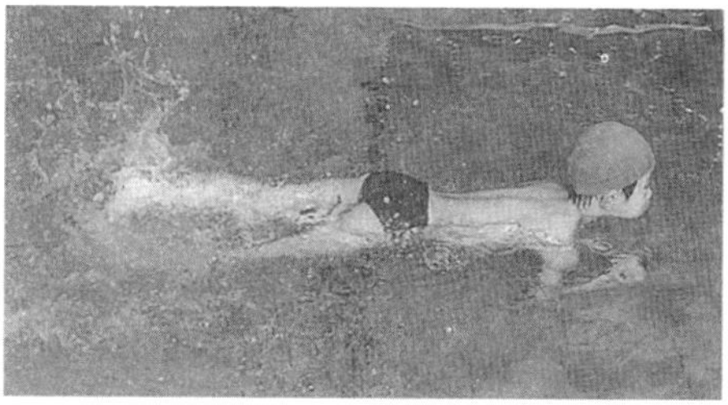

打水前進

做打水動作的同時，臉埋入水中，打水前進。最初利用浮板做輔助。能夠掌握到某種程度的前進感覺之後，試著不使用浮板前進。不要勉強，慢慢的增加距離（約八公尺）。接著，嘗試抬起臉呼吸換氣。

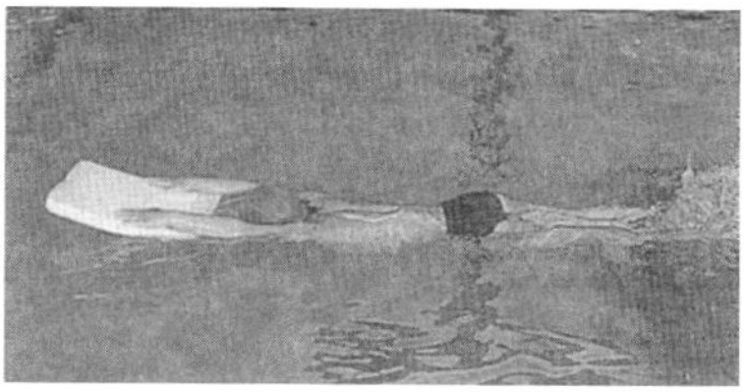

游泳

站在游泳池邊做手部游泳動作

學會打水之後，接著要熟悉手的動作。手臂擺在耳邊，好像用手掌撥水似的，手臂往前繞。首先是使用單手慢慢的繞，然後再運用雙手，掌握上半身動作的平衡感。

單手游泳

實際在水中一邊移動手一邊游泳。單手慢慢的移動，掌握用手掌划水的感覺。最初由輔助者支撐身體，就能順利的前進。

手腳並用

習慣單手游泳後，使用雙手練習正式的自由式動作。注意手臂動作不可偏向左右任何一側。要學會用手划水、用腳打水的全身手腳並用動作。

換氣游泳

先利用單手游泳的姿勢掌握呼吸的節奏。伸直的手在水中划動，當臉抬到水面上時，半張臉朝側面露出水面，「啪」的吸氣。呼吸時要注意腳不可朝下或是站立，以這種方式好好的打水，保持身體的平衡。習慣後，用雙手練習正式游泳姿勢中的換氣節奏。

①最初用單手換氣
②在一連串的動作中用雙手換氣

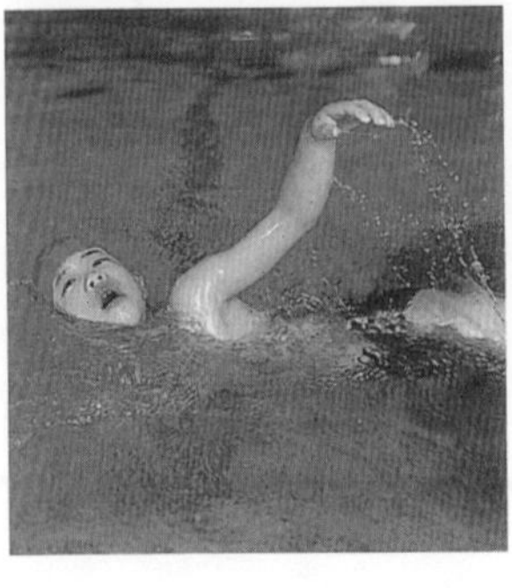

仰式

和自由式相比，仰式不需學習比較困難的換氣時機。對於抗拒潛水的孩子而言，學習仰式比較快樂。學會基本動作，就能夠悠閒的享受游泳之樂。

仰式

以立正的姿勢進行

以立正的姿勢、仰躺的狀態浮於水面上，學習仰式的基本姿勢。習慣之後，踢游泳池壁，練習在水面移動。

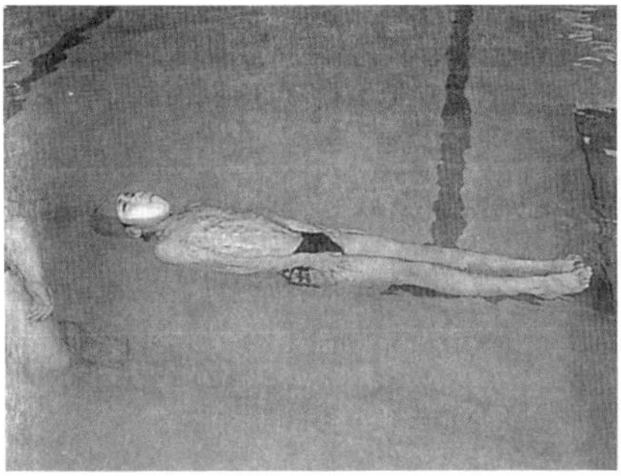

以踢壁的姿勢游

手伸直游仰式。最初請別人從旁輔助，等到掌握能夠以全身挺直的姿勢浮於水面的感覺之後，就可以自己踢游泳池壁，練習仰式。

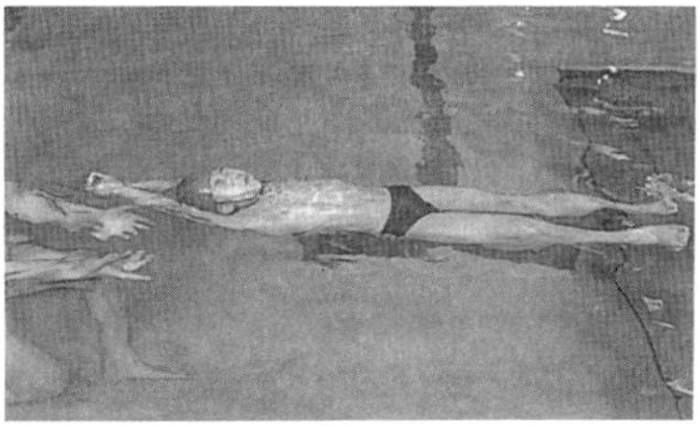

打水動作

以立正的姿勢進行

學會仰式後，一邊打水一邊慢慢的前進。從旁輔助的人要注意孩子打水的腳不可往下落。打水的方式和自由式的打水動作相同，注意腳不可過度露出水面。

以踢壁游出的姿勢進行

手伸直，以踢壁游出的姿勢一邊打水一邊前進。腳朝下時要更為放鬆，慢慢的練習。習慣之後，保持水平的姿勢，一邊打水一邊以仰式的動作前進。

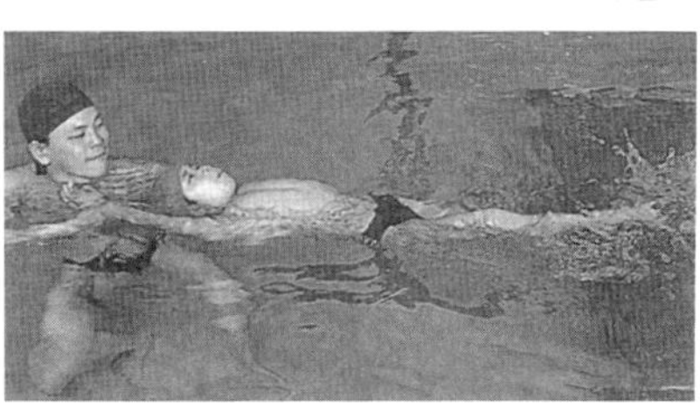

游泳

站在池邊做手的動作

掌握仰式打水動作的感覺之後，接著就要熟悉手的動作。手的動作是由前往上抬，朝側面放下。慢慢的繞，動作不要太快。最初用單手來掌握感覺，然後再慢慢的使用雙手，取得雙臂位置的平衡感。

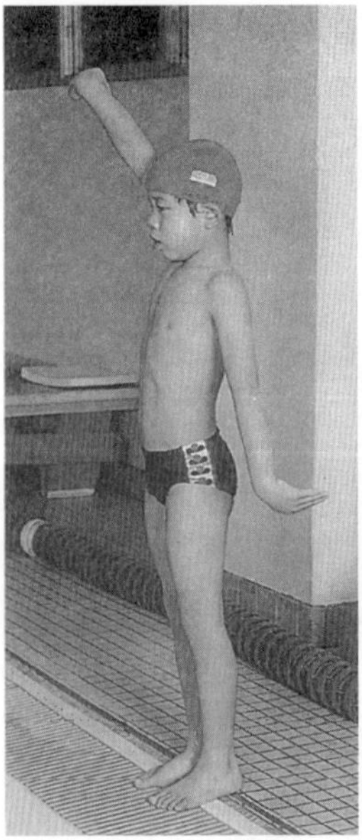

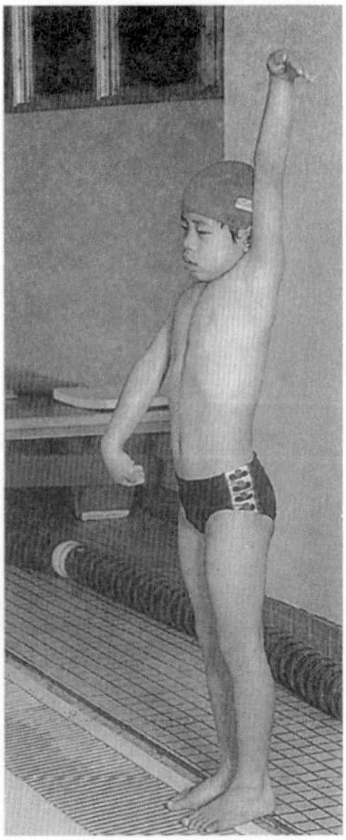

單手游泳

習慣手的動作後，試著實際游泳。最初單手慢慢大幅度的擺動，培養用手掌撈水的感覺。身體浮出水面，平衡感不佳者，可由輔助者在旁支撐。

手腳並用

做完單手游泳後，開始正式練習仰式。雙臂伸直，手臂的動作不可偏向任何一側，平衡感是很重要的。最好能夠掌握與打水動作之間的節奏，熟悉一連串的動作。

第5章 孕婦有氧運動入門

主編／
日本孕婦有氧運動協會
實技指導／
加藤智枝

孕婦有氧運動入門

當孩子還在腹中時，就要開始製造超級兒童。要生下健康寶寶，則母親必須要擁有健康的身體。精神也要完全放鬆。

進行孕婦有氧運動（ＭＢ），能夠消除懷孕時各種身心的問題，使母體保持健康，生下有元氣的健康寶寶。

ＭＢ是孕婦能夠輕鬆進行而且是最有效的運動

孕婦有氧運動（ＭＢ），是專為孕婦設計的運動。二十年前，日本孕婦有氧運動協會就開始研究並推廣這項運動。目前在日本全國約有三百多所醫療機構和健身房實施這種運動。

孕婦也能做的有氧運動，當然是納入與一般有氧運動完全不同的運動。一般的有氧運動，有一些是不適合孕婦做的運動，例如，跳躍、單腳跳和扭擺等會對腹部造成極大負擔或容易跌倒的動作，這些動作嚴格禁止孕婦進行（ＭＢ中沒有這些動作）。日本孕婦有氧運動協會所提供的ＭＢ，是根據運動時子宮的狀態和胎兒與母體的心跳次數、運動效果等臨床資料，由醫師和運動指導者規畫，同時由精通產科醫學及運動生理學等教練所指導的運動。因此，是懷孕時最有效的運動，任何人都可以安心的進行。

不只是身體，對精神也會發揮各種好的影響

ＭＢ到底具有何種效果呢？

首先，最重要的是防止過胖。懷孕時過度靜養，身體笨重，懶得活動，容易導致運動不足。再加上「為胎兒著想」而飲食過量，最後就會造成過胖。藉著ＭＢ定期做適度的運動，就可以防

止過胖，同時改善脂質比，提高心肺功能，培養持久力。此外，還能夠儲備生產時的體力，緩和懷孕時體重增加所引起的肩膀酸痛或腰痛，使母乳分泌順暢，促使產後的體型迅速復原。

活動身體可以消除壓力。產前緊張的孕婦們聚集在一起，使得運動場成為能夠輕鬆交換資訊的場所，對精神方面具有正面的影響。

為防止意外發生，助產士必須進行產前檢查

接著，介紹進行ＭＢ所需的具體順序。

雖然ＭＢ是任何人都可以安心進行的運動，但對象畢竟是孕婦，所以，還是要慎重其事。為了安心做運動，必須取得醫師的許可才能夠做ＭＢ。另外，也要得到丈夫的同意。

只要符合這兩項條件，就可以參加ＭＢ。不過，每次運動前後都要進行醫學檢查。那麼，到底要做哪些檢查呢？

①測量體重
②測量血壓
③測量脈搏跳動次數
④測量胎兒心跳次數
⑤經由母子手冊確認懷孕經過
⑥問診

其中③～⑥由助產士進行。

因為經過謹慎的檢查，所以，能夠安心的做運動。尤其可以輕鬆的詢問對醫師難以啟齒的問題，因而深獲好評。甚至有人是基於這項優點才持續進行ＭＢ。

懷孕十四週至分娩前都可以做ＭＢ（一些有生產經驗的孕婦甚至持續做到三十七～三十八週為止）。和主治醫師商量後，由本人決定開始進行的時間。

遵照正確的指導做ＭＢ，則不會造成危險，但還是不可勉強。運動時，若是感覺肚子發脹，就必須立刻停下來休息。等到不會覺得發脹時再開始運動。

只要小心的做ＭＢ，一定可以快樂的度過懷孕期，並且生下元氣十足的超級健康寶寶。

下肢的伸展運動

利用MB，扶住牆壁或柱子伸展下半身。這不是普通的有氧運動，而是MB特有的運動。其理由就在於孕婦獨特的體型。孕婦大腹便便，腰部容易後仰或駝背，重心偏向後方。在這種情況下進行下半身的伸展運動，當然會失去平衡而跌倒。因此，進行MB時，上半身與下半身的伸展運動要分開做，而且一定要扶著柱子或牆壁來進行。

不只是MB，只要是伸展運動，都要放輕鬆來進行，不能夠停止呼吸，在吐氣時伸展身體。以下介紹下半身四個部位的伸展運動。

股二頭肌的伸展運動

雙腳打開如腰寬，單腳朝前踏出半步，臀部往後突出，伸直膝。稍微收下顎，挺直背肌。重心腳側的手置於腿上，另一隻手則扶住柱子或牆壁。如果後腳膝的內側疼痛時，要稍微放鬆膝，緩和疼痛。注意手不可過度用力按壓膝。

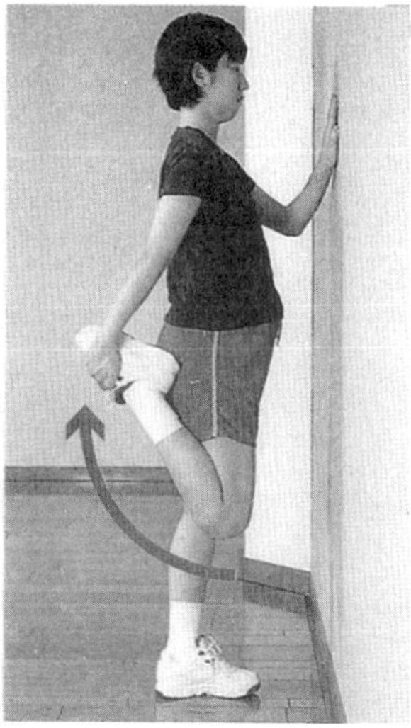

大腿表面的伸展運動

重心置於重心腳上，取得平衡。抓住伸直的腳，讓腳跟盡量貼近臀部。彎曲腳的膝靠近重心腳，避免朝外側打開，就能充分伸展。收下顎，緊縮臀部，不可勉強讓腳跟碰到臀部。

小腿肚的伸展運動

可以防止在懷孕後期容易發生的小腿肚抽筋現象。雙腿打開如腰寬，單腳大步往後退，屈伸膝。後退腳的腳跟，不可過度朝向內側。

跟腱的伸展運動

雙腿打開如腰寬，單腳後退半步，雙腳做屈伸動作。後退腳的腳跟不可朝向內側。這個伸展運動很容易取得平衡，不扶住東西也無妨。伸展時要緊縮臀部。

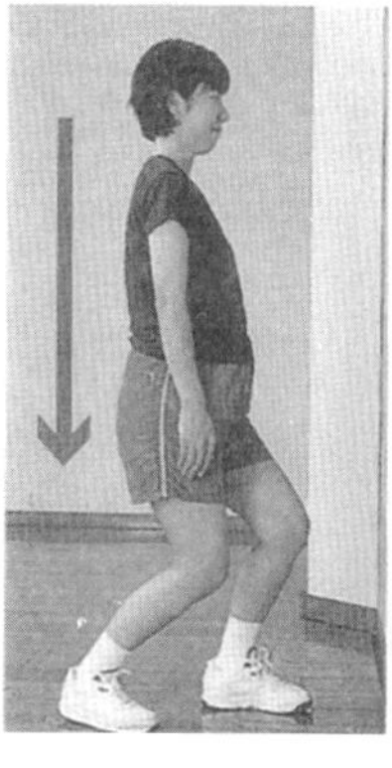

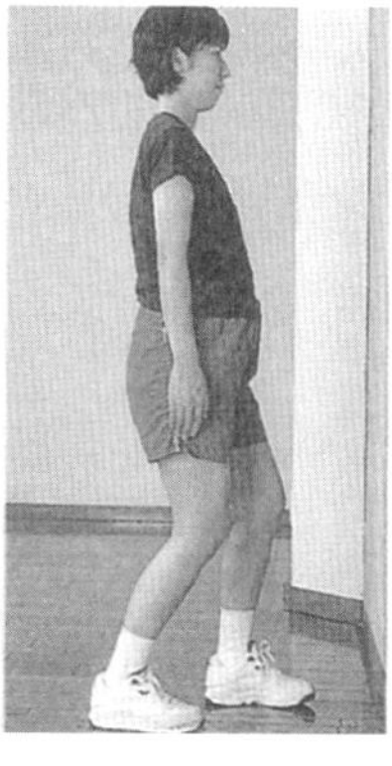

基本步驟

有氧運動的步驟包括踏步、腳屈舉（腳朝後方上抬）、V字步（腳呈V字形前進）等的「低衝擊步驟」，以及跑步、踢碰（單腳後踢，讓腳跟碰到臀部，然後再往前踢，讓腳跟碰地）等的「高衝擊步驟」。

踏步

原地踏步或邊移動邊踏步。

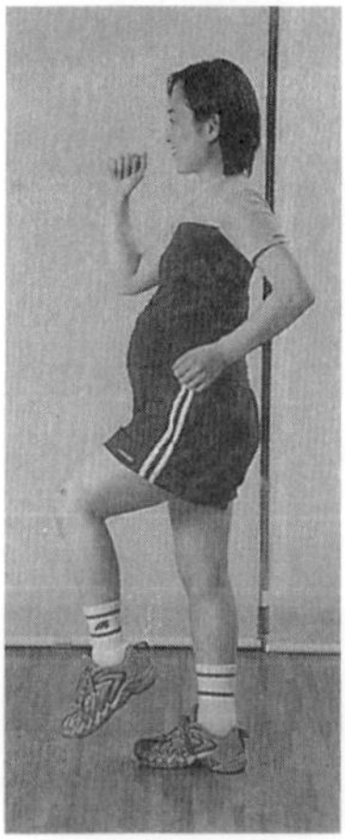

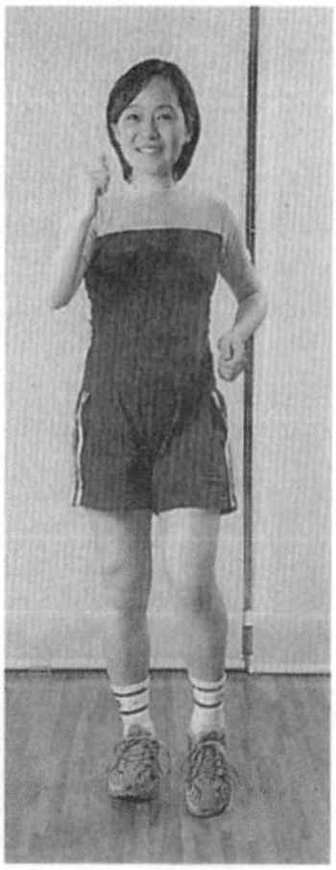

側踏步

雙腳併攏站立，右腳朝右側踏出一步，左腳朝右腳併攏。左右交互進行。

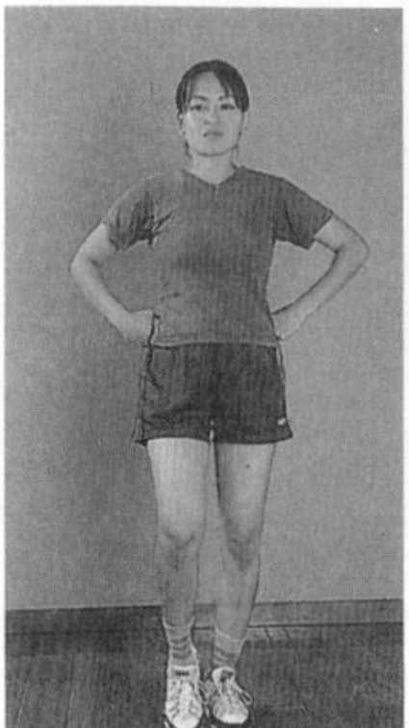

禁止的動作

MB中有一些像跳躍、單腳跳和扭擺等禁止的動作。

禁止的原因是①對腹部刺激太強，有引起子宮收縮的危險、②容易失去平衡而跌倒、③腳容易踢到腹部、④會對腰部造成負擔。基於上述理由而有禁止進行的動作。

雖然運動很好，但是絕對不可做不該做的動作。

跳躍

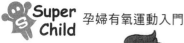

雙腳併攏往上跳。

單腳跳

用單腳跳躍。

扭擺

雙腳張開，稍微用力朝左右扭轉身體。

轉身

腳朝前踏出一步，後面的腳當成重心，身體朝後轉一八〇度。接著，後面的腳往前踏出一步，同樣的以後方的腳為重心轉一圈，回到原先的位置。

跳躍後退

跳躍的同時，單腳往後做出踢腿的動作。

暖身運動

暖身運動能夠逐漸加速心跳，提高主運動的效果。目的是要使身體習慣運動，因此，最好採取低衝擊步驟，毫不勉強的慢慢活動身體。

手指的運動

手輕微的搖晃，不要碰到腹部（上圖）。

手握緊張開，再用力握住。接著，啪的張開（下圖）。

能夠緩和懷孕時容易出現的手指浮腫或僵硬現象。

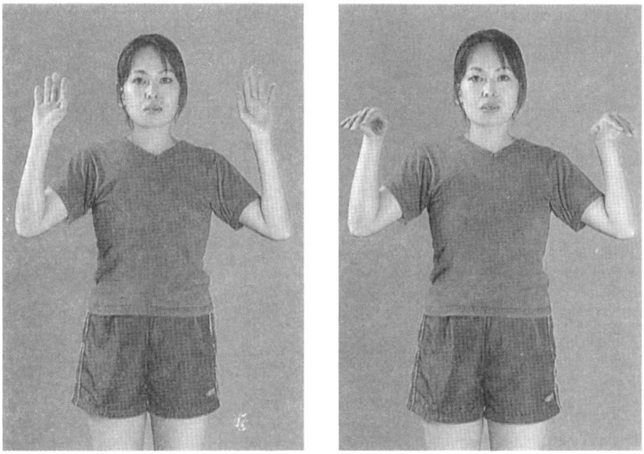

骨盆（橫向）的運動

雙腳打開如肩寬，膝和腳趾朝前站立。雙手置於臀上，將骨盆橫向移動，好像只有骨盆獨立似的活動。放鬆膝，上半身和膝以下不要移動。剛開始比較困難，但多做幾次就能掌握訣竅。能夠改善懷孕時容易發生的便秘現象。

骨盆（縱向）的運動

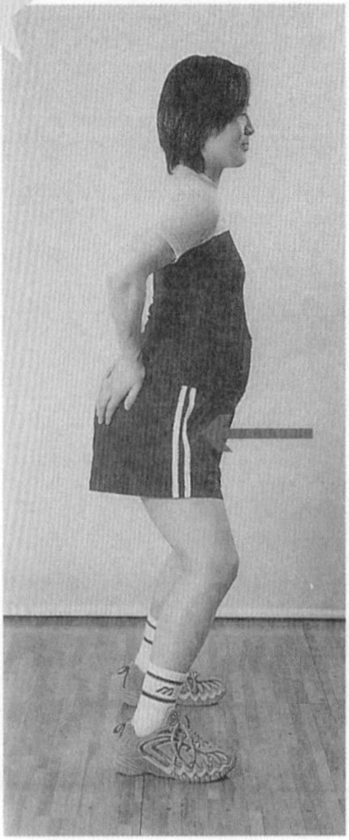

與骨盆橫向運動同樣的，雙腳打開如肩寬站立，腳趾與膝朝向正面。雙手置於臀上，只有骨盆朝前後移動。過度往後移動會損傷腰，所以，腰要盡量朝前突出。稍微膝放鬆，好像在看腹部下方似的。以這種感覺進行，能夠取得分娩時正確的體位。

肋骨下端的運動

雙腳打開較肩稍寬站立，腳趾和膝稍微朝向外側，彎曲單手的手肘，上身倒向正側面，接著回到原先的位置。手肘盡量高舉，好像伸展腋下似的彎曲上身。這時，另一隻手仍要置於腿上，取得平衡。再度回到原先的位置時，好像伸展相反側的腋下似的，身體稍微朝反方向倒。

藉此能夠緩和懷孕後期出現的肋骨下疼痛。

腰部運動

雙腳稍微張開，腳趾和膝朝向外側站立，稍微彎曲單手的手肘。另一隻手置於腿上。彎曲的手肘靠近對角線上膝的附近，從相反的路線回來。彎曲時整個身體拱起，好像要伸直腰部似的，還原時則好像朝後方拉扯似的。藉此能夠緩和腰痛。

〈增加分娩力的運動〉

仰臥起坐（仰臥位）

先朝向側面再仰躺。膝直立，雙腳打開如肩寬或較肩稍寬，腳趾稍微朝向外側。手置於頭部後方，吐氣的同時，上身稍微抬起再還原。好像要看到腹部似的，抬起上身。不必抬得太高並注意不可停止呼吸。

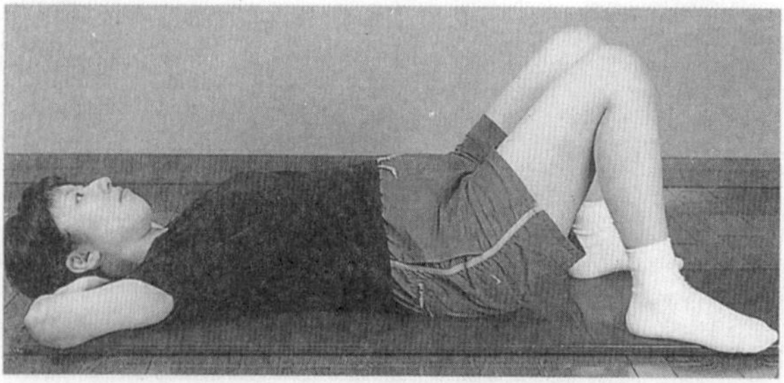

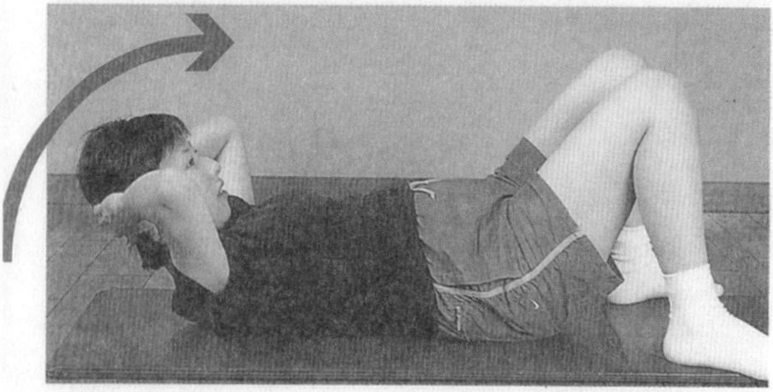

手置於頭部後方時，上身無法抬起，而只有頸部能夠活動的人，可以利用毛巾做輔助。毛巾置於頭部後方，在臉的側面抓住毛巾，拉起毛巾，抬起上身。

藉著暖身運動使身體溫暖後，接著進行孕婦有氧運動。肚子發脹時不要勉強，必須減少運動量，或是等肚子發脹的現象消除後再開始做運動。此外，要特別注意，做任何運動時都不可以停止呼吸。

一旦停止呼吸，則腹部會在不知不覺間用力，引起發脹現象。

在地板上做運動時，也不可以匆忙的躺下，要先慢慢的側躺再仰躺。平時躺下時也要注意這一點。突然仰躺，腹部容易用力，要格外小心。

扭擺彎曲

要領和仰臥起坐相同，仰躺。立膝，雙腳打開較肩稍寬，腳趾稍微朝向外側。一隻手置於頭部後方，另一隻手則在側面伸直。彎曲側的手肘朝相反側（對角線）的膝靠近。

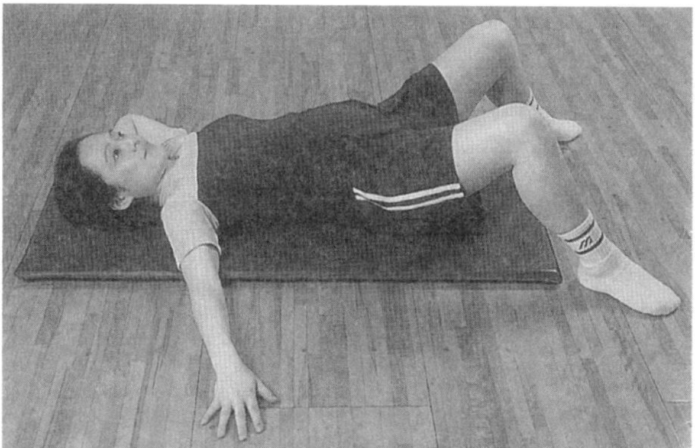

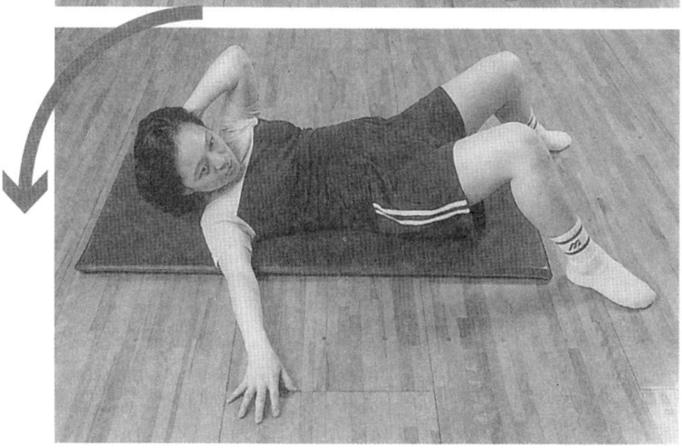

站立仰臥起坐

覺得仰躺做仰臥起坐很困難的人，則適合進行站立仰臥起坐的運動。雙腳打開如肩寬，腳趾朝向前方，雙手扶住腹部下方，直接吐氣，好像看著腹部似的，輕柔的進行。

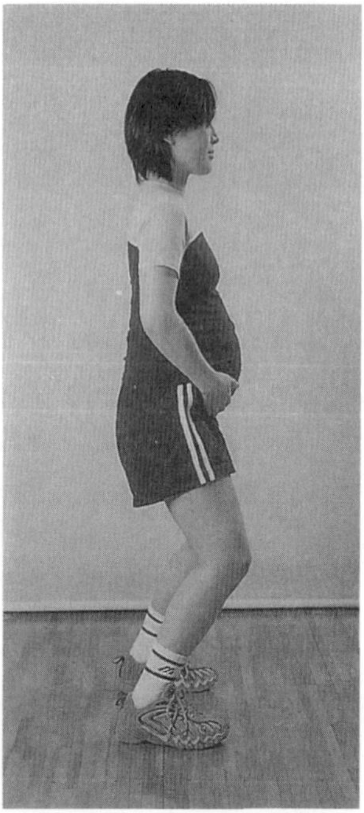

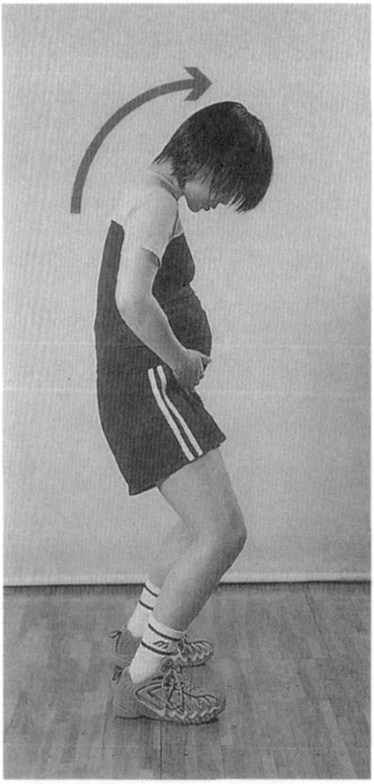

站立扭擺彎曲

和站立仰臥起坐運動同樣的，是比較輕鬆的運動。雙腳打開如肩寬站立，一隻手扶住腹部下方，另一隻手置於頭部後方。上抬的手肘靠近對角線上的膝。

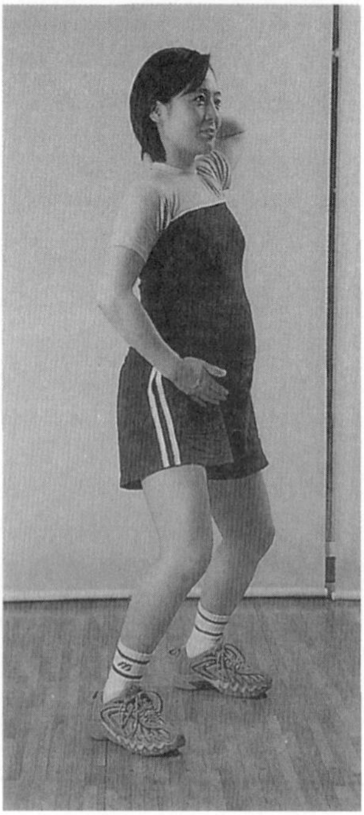

〈產道的運動〉

能夠促進子宮口的血液循環，防止會陰撕裂及排尿障礙，預防痔瘡或脫肛，而且可以避免產後的腹壓性尿失禁。

具有各種體位，以下介紹其中四種。

仰臥位（仰躺）

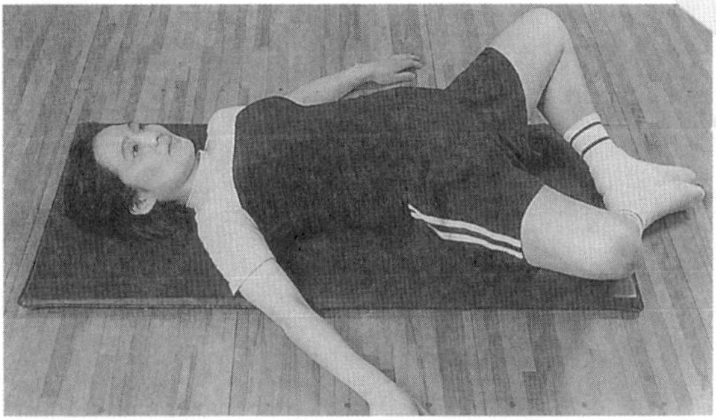

a. 仰躺，腳底貼合。腰不要過度後仰，好像緊縮臀似的，雙手扶住腹部。

b. 仰躺，膝直立，腳打開如肩寬或較肩稍寬。

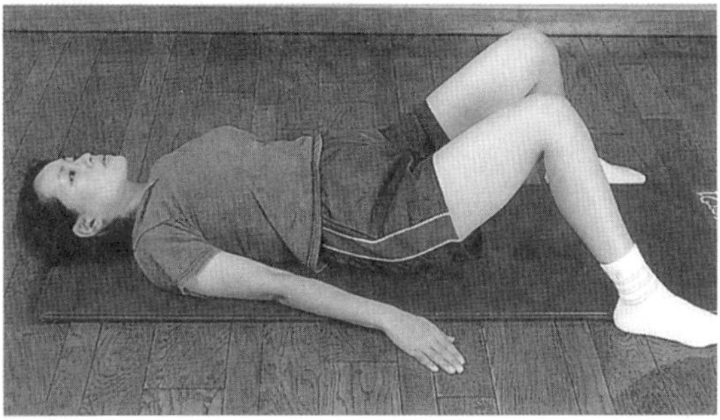

側臥位

腹部貼地，腳稍微張開側躺。上方的腳伸到後方交叉，讓兩側的內大腿靠在一起。

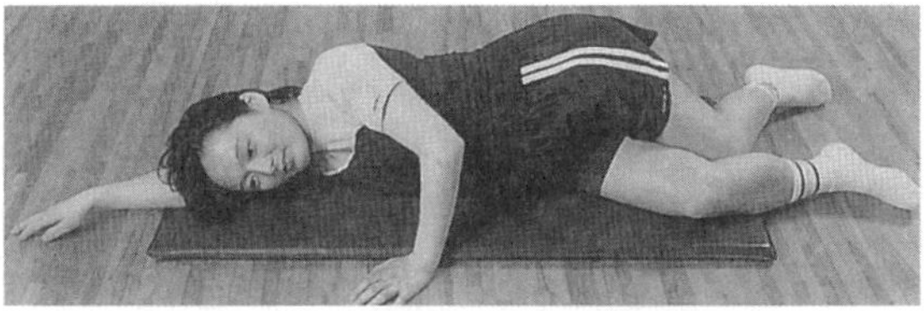

座位（盤腿坐）

雙腳交疊坐下，手置於膝上。

利用仰躺、側躺、盤腿坐等自己喜歡的體位，讓子宮口收縮、放鬆。臀部用力放鬆。不妨想像一下停止排尿和排尿時的感覺。

〈腹肌溝部的運動〉

大腹便便之後，腳的根部受到壓迫，血液循環不良，容易產生疼痛。活動疼痛的部分，可以緩和懷孕後期的症狀。

抬膝（側臥位）

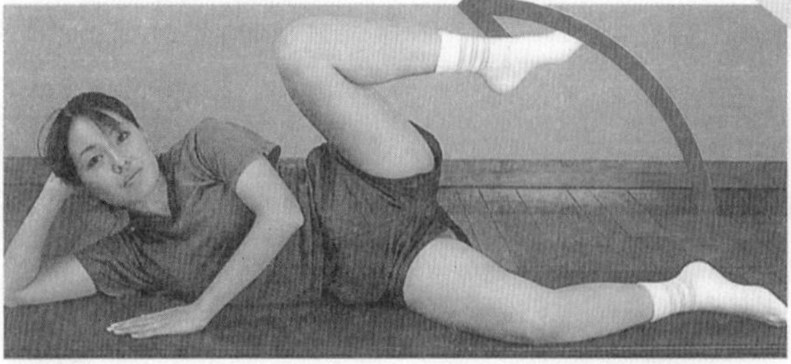

單手支撐頭部側躺，下方腳的膝輕微彎曲，上方腳的膝靠向肩膀。腳上抬時，要伸展腳的根部。

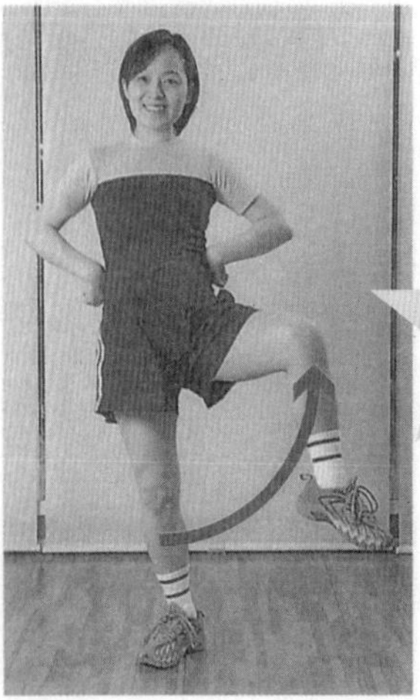

站立抬膝

膝朝外側打開，不要碰到腹部，抬起單腳。兩邊交互進行活動。

〈緩和肩膀酸痛・頭痛的運動〉

頸部的伸展運動

放鬆坐下，可以盤腿坐或伸直坐。

頭倒向側面。收下顎，倒向斜前方。頸部慢慢的旋轉。

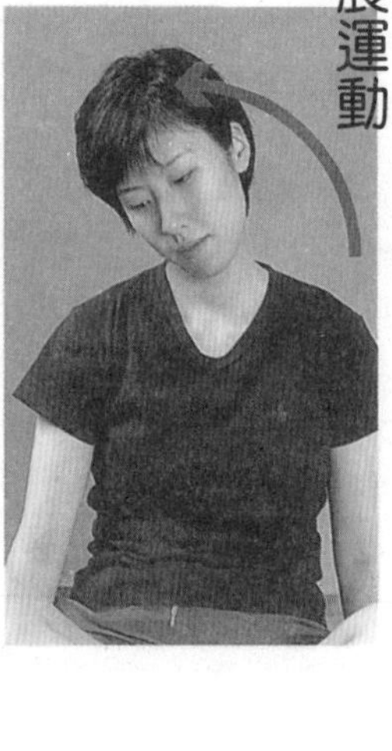

肩膀的伸展運動

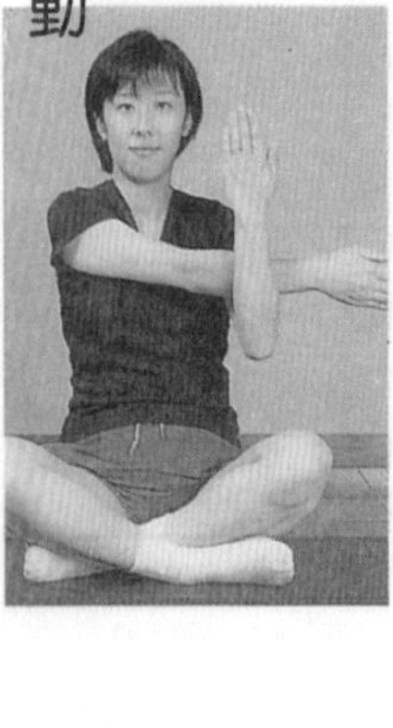

一隻手臂筆直的伸向前方，注意肩膀不可上抬。彎曲另一隻手的手肘，利用手腕到手肘之間的內側部分，按壓伸直手臂的手肘附近，使其盡量靠向胸前。

〈使母乳分泌順暢的運動〉

可以刺激淋巴腺，促進胸或背部的血液循環，使母乳分泌順暢。

肚子發脹時，要避免做這項運動。

拍打

這是刺激淋巴腺（前腋下腺）而使母乳分泌順暢的運動。

彎曲手肘，在肱部（肩膀到手肘的部分）很有節奏的輕輕拍打前腋下腺。收下顎，進行時稍微拱起背部。不過，刺激乳頭時可能會引起肚子發脹，必須特別注意。

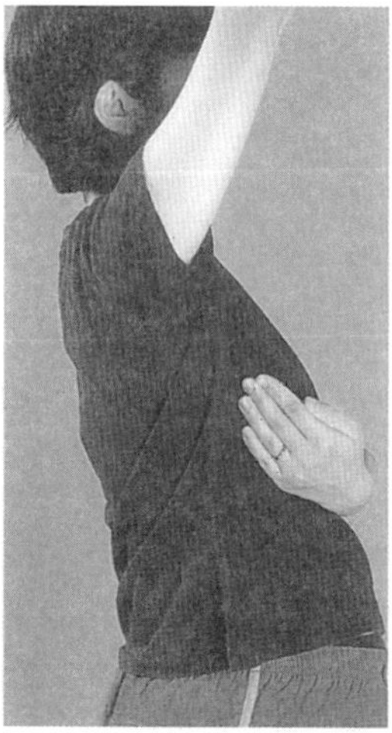

淋巴腺在腋下陷凹處稍下方附近。（照片）

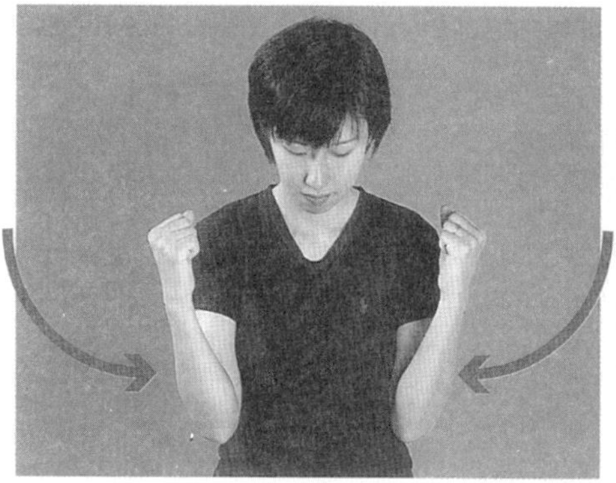

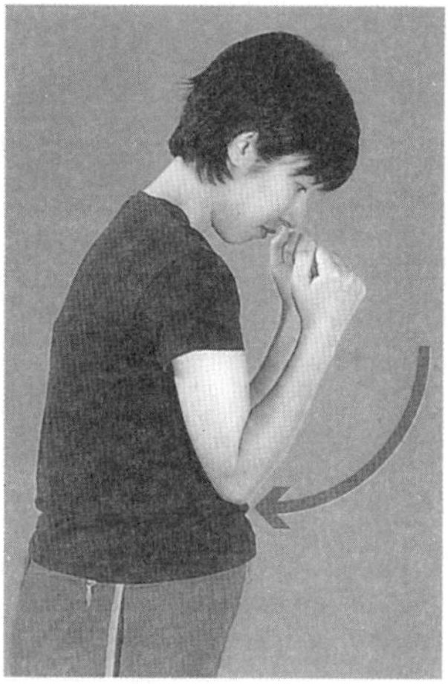

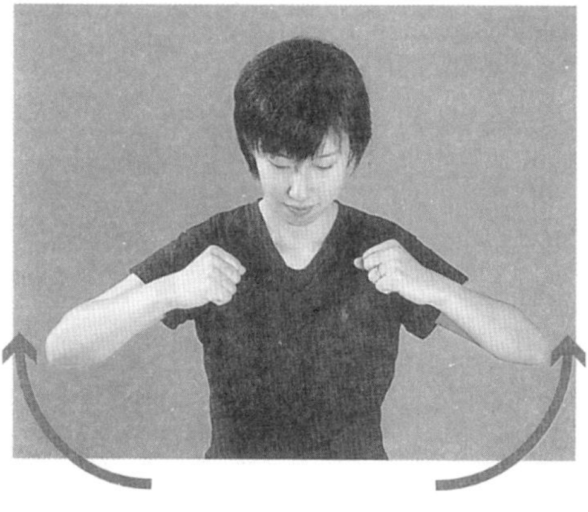

蝴蝶

促進胸部血液循環的運動。手朝側面好像在展現手臂內側肌肉似的，彎曲手肘。手肘在臉部前方對合，然後再回到原先的位置。手肘貼合時吐氣。

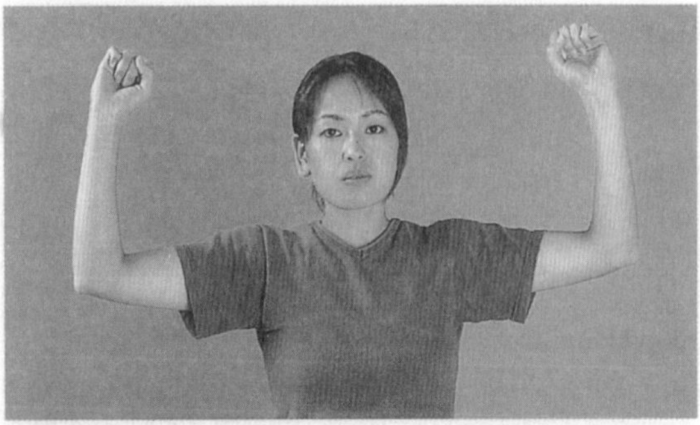

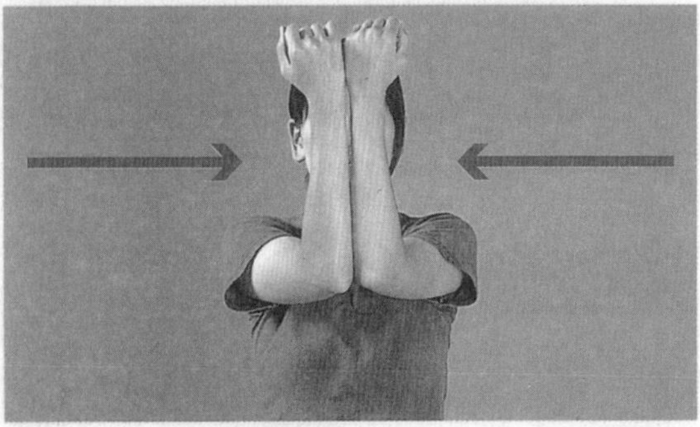

旋轉

促進背部血液循環的運動。手臂朝正側面張開，輕輕握拳。手肘靠向身體後側、背部的中心，然後再回到原先的位置。以背部的肉好像集中於背骨似的感覺來進行。當手肘靠向背部時要吐氣。

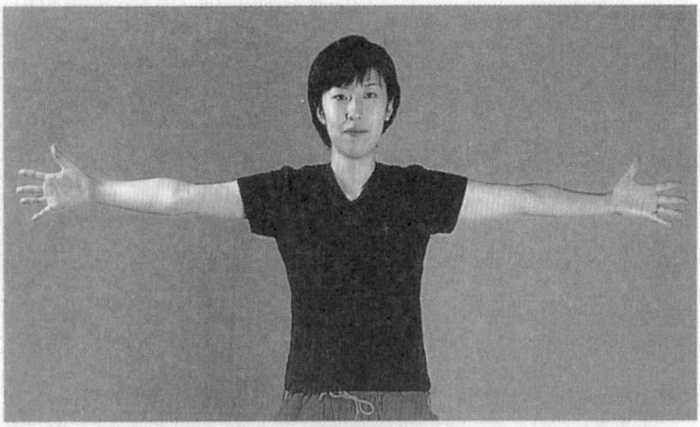

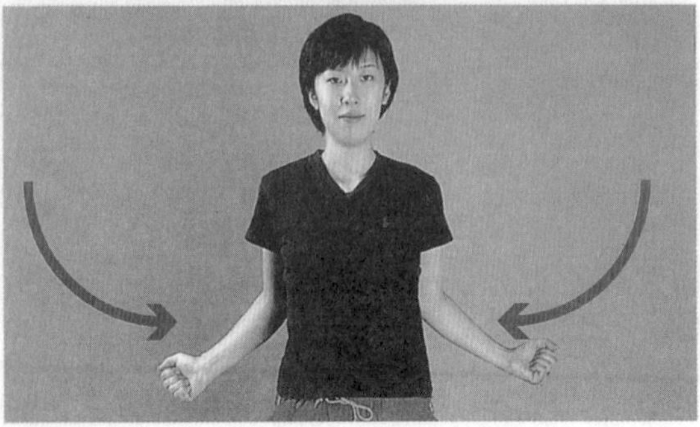

〈下肢運動〉

深蹲

扶住柱子或牆壁，雙腳打開如肩寬站立，好像要坐下來似的，屈膝、伸直，然後回到原先的位置。屈膝時，注意膝不可超過腳趾。

當體重加重時，對於腳的負擔必然增加。為了支撐逐漸變重的身體，必須鍛鍊下肢。

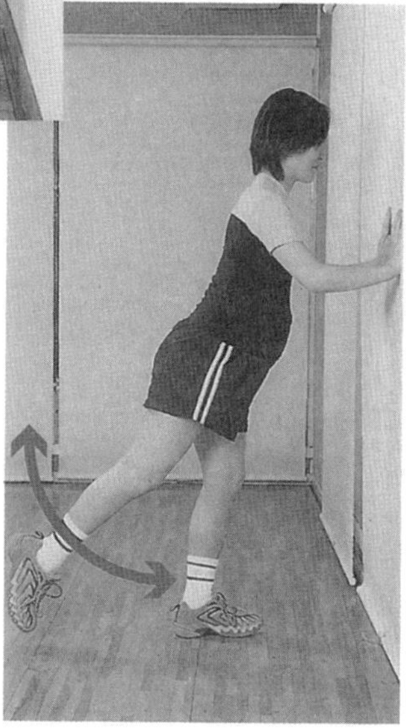

腳後抬

與深蹲同樣的，要扶住柱子或牆壁。重心落在重心腳，另一隻腳則朝後上方抬（不可過度上抬）。上身稍微前傾，緊縮臀部。腰不可過度後仰。藉此可以鍛鍊臀大肌，而且具有豐臀效果。

腳側抬

側躺，用下方的手支撐頭部，另一隻手置於胸前。膝稍微彎曲，上方的腳抬起放下，藉此可以鍛鍊臀中肌（臀部側面的肌肉）。

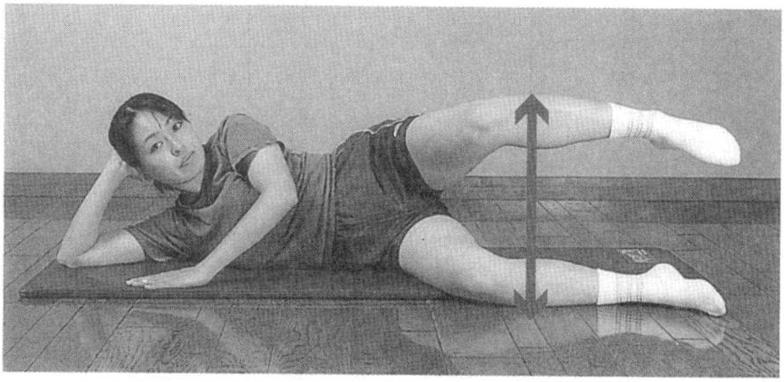

蹲下起立

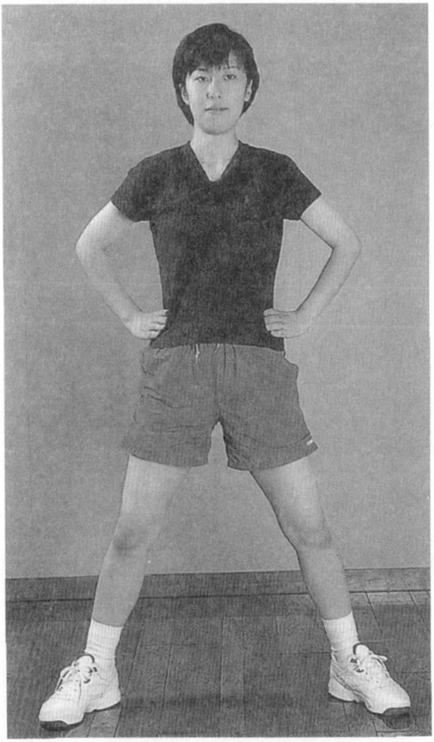

雙腳盡量張開，腳趾、膝朝向外側。手插腰，屈伸膝，不可過度屈膝。屈膝時，上身避免往前傾。緊縮臀部，腰部不可過度後仰。

〈股關節的伸展運動〉

這是有助於分娩的運動。

仰躺，屈膝，不要碰到腹部，腳上抬。手從膝的外側扶住。吐氣的同時，雙腳盡量打開。可以運用手的力量打開雙腳。

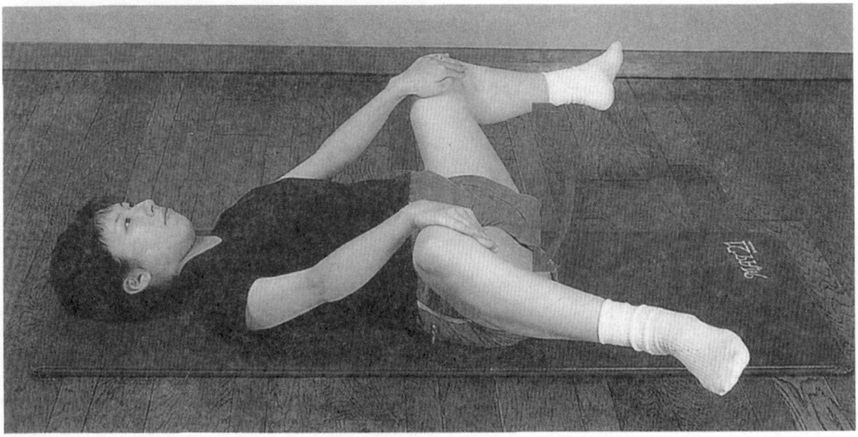

第6章 培養超級兒童的基本知識

主編／
前順天堂大學教授
宮下桂治

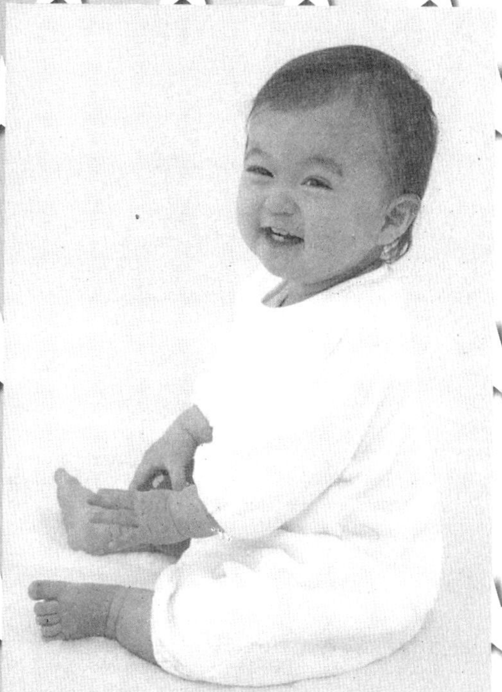

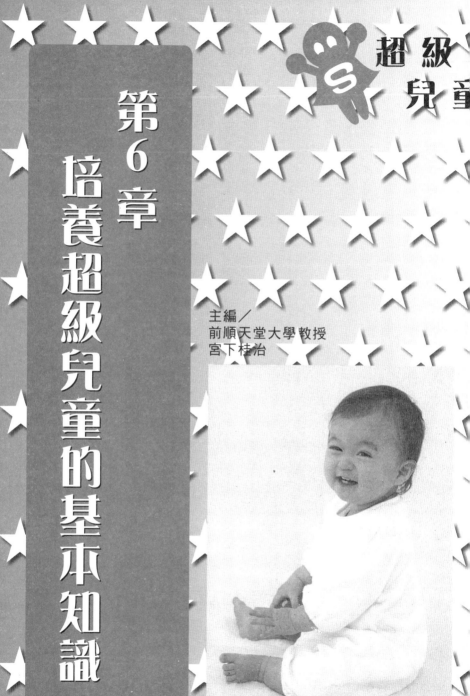

培養超級兒童的基本知識

要培養超級兒童，首先要了解與兒童成長有關的基本知識。掌握腦和身體成長的構造，探討孩子周遭的環境。

腦、神經與身體的成長

就算看得到孩子的發育，也看不見體內的變化。首先，來看看孩子各部位發育的情形。

斯加蒙發育曲線

關於嬰幼兒到青年期的發育情況，有著名的『斯加蒙發育曲線』圖可以解釋，以下就來說明。

「斯加蒙發育曲線」是指，若二十歲時的發育為一〇〇％，則從其他方面來看從〇歲開始發育程度的圖。

由這個圖就可以知道，腦、神經系統相當的發達。三歲時就已經確立成人時七十％的部分。而其他部分的成長速度也非常快速，令人驚訝。

為什麼腦、神經系統的機能會率先發達呢？

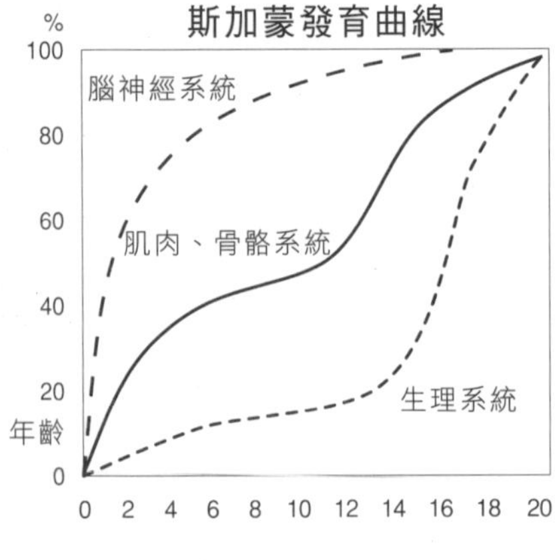

缺乏腦的身體完全無法發揮作用

為什麼腦、神經系統的機能要率先發達呢？這是因為身體必須接受腦的命令才會開始運動的緣故。觀察人類動作的形態。首先，視覺、聽覺、觸覺、味覺、嗅覺等五感受到刺激後，轉換為訊息。接著，該訊息透過神經傳遞到腦。腦處理之後，再通過神經，傳遞到身體各部位。這時，人體才會展現「行動」。

換言之，如果人類缺乏腦和神經的作用，則身體就無法活動，所以腦和神經必須率先成長。

運動能力的發達從三歲開始

腦、神經以外的成長又是如何進行的呢？

首先來看「身體成長」圖。〇歲開始，稱為第一次成長期。接著，到三歲時運動能力才開始發達。藉著第一次成長期時腦、神經功能發達所引起的運動，可以促使三歲時運動能力的發達。此外，骨骼的生成對於運動能力的發達也具有極大的貢獻。

與成人相比，新生的嬰兒骨較少，而且多半呈軟骨狀態，無法進行某些複雜的動作。持續勉強加諸負荷，容易造成骨異常而變形。

三～四歲時骨的數目長齊，七～八歲時開始變硬。骨的數目長齊時，就可以進行各種運動。

從懷孕五個月開始就已經開始做運動

孩子運動能力的發達，是在骨的數目完全長齊的三～四歲時開始的。不過，在此之前，孩子已經不斷的活動。

那麼，孩子是從何時開始活動的呢？應該是在出生前，亦即胎兒期間就已經開始了。

正確的說法應該是，從懷孕的第五個月開始，胎兒就已經在母親肚子裡的羊水中活動了。

胎兒期間的活動會反映在出生後的運動能力上。像本書所介紹的孕婦有氧運動，主要是為母體所設計的，但同時也能改變胎內胎兒的姿勢，具有使胎兒容易運動的效果。

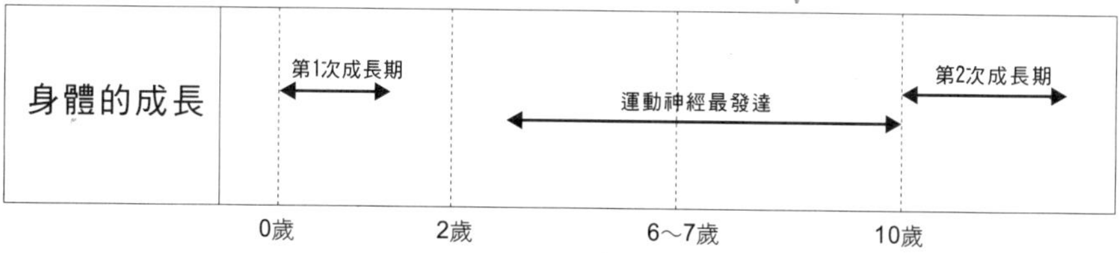

「三歲決定一生」的真相

幼兒期腦會急速發達。

俗話說「三歲決定一生」。換言之，三歲前對腦的刺激會影響其後的一生。

出生時腦細胞的數目就已經決定

腦會對思考、情緒或身體機能造成極大的影響。前項已經探討過，出生後，幼兒的腦就開始急速成長。

出生時人類腦細胞的數目就已經決定，其數目約為一千億個。然而，實際掌管人類記憶的，並不是腦細胞。能夠記住事物，是因為腦細胞和腦細胞相連的神經細胞網路發揮作用所致。這個腦細胞稱為神經元，而神經細胞則稱為突觸。

大量的刺激能夠提高兒童腦力

當孩子受到刺激時，神經元與神經元之間的突觸會延伸結合。接著，這種經驗會被「記錄」下來。記憶某件事物時，神經元和突觸會重新結合。腦內的網路十分複雜，出生一個月時，突觸的數目約會增加為一千兆個。

從出生後到三歲為止，孩子接受外在的刺激愈豐富，則突觸增加愈多，促使腦活化，能夠提高以後的記憶力和學習能力。

在這段期間能夠記住的事物，一生都不會忘記。

例如夫妻在孩子面前爭吵，則在嬰兒腦中夫妻爭吵的突觸互相組合，則這個孩子將來也會和另一半爭吵。

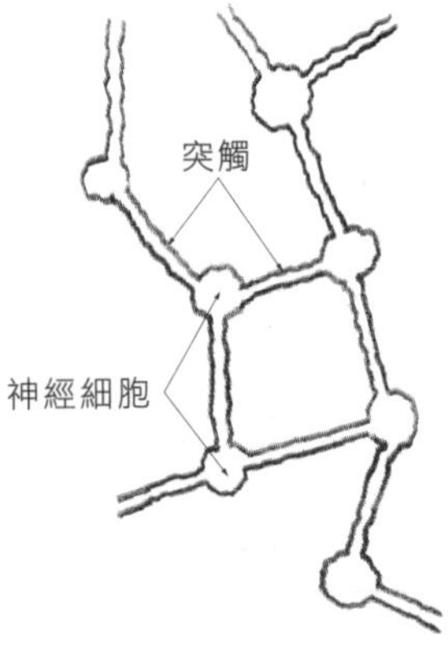

與嬰兒接觸，多和他說話

由夫妻爭吵的例子就可以知道，並非所有的外在刺激都很好，這個刺激必須是良好的訊息。

出生不久，在不同環境中成長的嬰兒的腦，會產生很大的差距。下圖是在健全狀態下和在受虐狀態下成長的嬰兒的腦比較圖。由此可知，在健全狀態下成長的嬰兒的腦，旺盛的展現活動。反之，出生後就開始受虐待的嬰兒的腦，顳葉部分完全無法發揮作用。顳葉是掌管情緒和感覺的區域。這樣的孩子將來在情緒及認知能力方面會出現障礙。換言之，因為遭受虐待而伴隨產生的各種外在刺激，會引發負面作用。

其中，記住「痛」這種刺激非常重要。在不知道痛的情況下成長，未來會殘留令人感覺不安的要素。不過，經常給予「痛」，也不是良好的刺激。

那麼，何種訊息才是有效的刺激呢？其實不難，只要以較高的頻率給予一些理所當然的刺激即可。首先是多和孩子說話。和嬰兒交談，可以加速其學習語言的能力。尤其在出生後一年半的期間內，語彙會增加。在這個時期，二小時就會記住一個單字。

與孩子接觸，能促使其感覺更靈敏。這些刺激全都會對腦發揮作用，使腦的活動更旺盛。

如果可以同時進行運動刺激，則其效果更好，能夠成為正面的刺激。亦即好動的嬰兒腦的功能較高，而且可以提升運動能力。

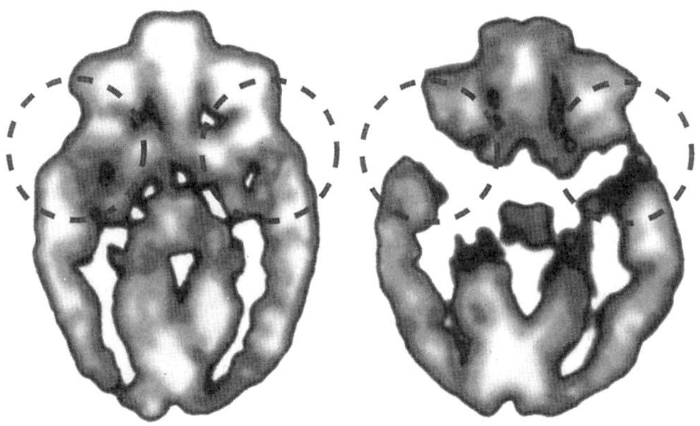

在健全狀態下成長的嬰兒的腦　　在受虐狀態下成長的嬰兒的腦

利用PET掃描法比較兩者的腦，發現具有顯著的差距。圓圈的部分是掌管情緒和感覺的顳葉，會因幼兒期環境的影響而使成長的程度產生改變。左腦活動良好，但右腦則幾乎沒有活動。

從翻身開始的運動

嬰兒擁有自己的意志而開始的活動，就是在「原始反射」之後的活動。以下依序探討從翻身開始擁有意志的活動階段。

最初的活動是「原始反射」

剛出生的嬰兒，其所展現的行動幾乎都是「原始反射」。

「原始反射」有六種。受到驚嚇時會伸縮手臂或腳、伸長脖子等，稱為「莫羅反射」。腳底貼地，保持前傾的姿勢，雙腳交互活動，稱為「步行反射」。嬰兒肚子餓時摸他的臉頰，他會把手伸向你，或是嘟起嘴巴想要尋求母親的乳房，稱為「乳探索反射」。臉朝左右任何一側張望，手腳朝臉所面向的方向伸展，而另一側的手腳會彎曲，稱為「緊張性頸反射」。觸摸嬰兒的手掌時，他會想要握住手，稱為「手掌把握反射」。觸摸嬰兒的腳底時，他會想要握住腳，稱為「腳底把握反射」。

從翻身開始的人類的運動

「原始反射」是無意識中進行的行為，一歲後就不再做這種反射動作，取而代之的，則是藉著嬰兒的意識所展現的行動。

意識的行動包括手腳或脖子等細微的動作在內，而最重要、最初的行動是「

進行原始反射時期

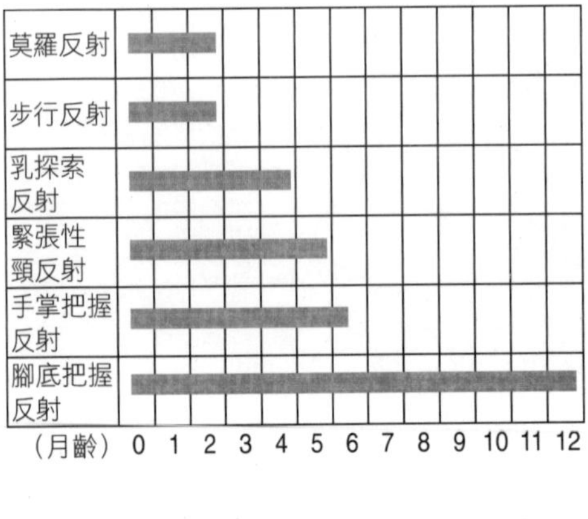

翻身」。幾乎是躺著的嬰兒，想要開始活動全身的關節和肌肉，就必須要翻身。

不會翻身，則無法進入下一個步驟，亦即「爬行」的動作。因此，應該在安全的情況下儘早讓嬰兒翻身。

在不同的階段，身體的活動會複合形成

在「爬行」的階段，會用到全身的肌肉和關節。人類的身體有六百多種肌肉，幾乎所有的肌肉都能發揮作用。和用雙腳步行的階段相比，使用的肌肉更多。

其次，進入「抓著東西站立」的階段。而抓著東西站立必須結合「抓著東西」或「扶住東西」的行動才能完成，所以動作變得更為複雜。

學會「抓著東西站立」之後，經過「蹣跚學步」的階段，就變成普通的「步行」動作。蹣跚學步時，腳會張開呈「八」字形。等到學會步行後，腳就會變得筆直，而骨盆周邊的活動也會更為進步。雖然「蹣跚學步」的階段因人而異，但大約在出生後的一年內會開始。

繼「步行」之後，接著是「跑」。「步行」時，單腳會不斷的碰到地面，但是，在「跑」時身體會體驗到飄浮在空中的狀態。會「跑」之後就會「跳」、「跳下來」、「跳上去」，可以開始做所有的動作。

這種進步的順序是不會改變的。順序不可能改變，也不可能跳過其中任何一項步驟。

愈活動愈靈活。有的母親擔心孩子打破東西而盡量不讓他活動，這是錯誤的做法。雖然不易辦到，但還是要創造一個可以讓孩子隨心所欲的活動的環境。

孩子的能力藉著遊戲而發達

根本看不懂孩子到底在玩些什麼遊戲。但這時孩子的腦卻會不斷的成長。

與運動同樣是屬於好刺激的「遊戲」

除了運動能夠提升孩子的腦、神經及運動能力之外，「遊戲」也有助於孩子的成長。

以畫圖為例。動筆畫圖的行為，能夠使得小肌肉進行活動。

運動所進行的是大肌肉的活動，使用較大型的肌肉。當然，也會牽動相關的小肌肉，但是，像畫圖等行為，則需要更纖細的動作，所以，可以得到與運動稍有不同的效果。

此外，也能夠促進「思考」的發達。不過，最好還是在腦、神經系統已經大致完全成熟的三歲之後再來觀察「思考」的發育情形。在此之前不要焦躁，要有耐心。

透過遊戲培養「興趣」

除了使小肌肉運動和提高思考能力之外，畫圖等遊戲也可以培養關於「興趣」的感覺。

所謂「興趣」，也是高度的精神階段。從以往父母的指示或給予的階段，變成可以用自己喜歡的顏色畫出自己喜歡的形狀或景物等，這就證明孩子的思考能力及認識力都提高了。

畫圖能促使小肌肉活動，培養思考能力、興趣和感覺

如果不培養這種思考能力，而一直處在父母選擇給予各種事物的時期，則孩子永遠無法自行判斷。

例如，校外教學時，讓孩子分辨哪些是必須隨身攜帶的東西了。購物時，也一定要尊重孩子的選擇權，徵求他的意見。

促使「知覺力」和「想像力」發達，建立「自信」

像積木等遊戲也是同樣的道理。玩積木能夠使小肌肉發達。接觸積木，可以刺激觸覺，而且能夠藉由知道積木的各種形狀來增加知識。

這些遊戲也具有使「知覺力」發達的效果，因為必須思考如何組合。一旦組合錯誤，則積木會崩塌。從遊戲中吸取經驗，就能夠培養「知覺力」。

三歲時，同樣的遊戲可以促使「想像力」發達。透過每個積木的形狀能夠聯想到一些事物。發揮想像來堆積木，比無意識堆積木的階段邁進一大步。

孩子的每個遊戲看似無意義，但卻是成長中的重要過程。堆積木的遊戲使得孩子的腦充分發揮作用。新的突觸不斷構成，持續發達。

父母要重視孩子的自主性，陪他一起玩耍，但不可過度干涉。讓孩子依自己的意志選擇想玩的遊戲。當孩子興致勃勃的在父母面前展示自己的成果時，要給予正面的肯定。一旦孩子發現「自己的作品得到父母的認同」時，就能夠培養「自信心」。

培養「知覺力」和「創造力」的積木遊戲

妨礙孩子健全發育的障礙

雖然希望孩子能夠健全的成長，但還是會遇到不可避免的障礙。即使無法加以去除，但也可以減輕其所造成的影響。這樣就能使孩子健全的成長。

電視的影響深遠

提到會對孩子造成不良影響的東西，首先想到的就是電視。

孩子如果長時期盯著電視，不僅會缺乏行動幹勁，對眼睛也有害。

此外，根據長年的研究顯示，它和想像力、攻擊性或社會性也有密切的關係。

愛看電視的孩子所具有的特徵，包括「焦躁易怒」、「愛哭」。在習慣接受單方面的訊息之後，就會喪失幻想的機會，缺乏創造性。

幻想力、創造力和「創造自己能夠控制的自我世界能力」有關，也和自我管理、團體管理的能力有關。具備這些能力的孩子有領導力，不會任意攻擊他人。因此，對孩子而言，幻想非常重要。

電視會拔除孩子幻想力之芽，使其變成沒有元氣的「被動人類」。雖然無法禁止孩子看電視，但是，至少每天要控制在一～二小時內。

長時間看電視具有不良的影響

另外，必須注意電視的內容。優良的教育節目具有好的影響，暴力節目則會讓孩子也出現暴

力傾向。而廣告會培養孩子追求物質的慾望，造成不良影響。

因此，要避免「以電視束縛孩子」。如果有時間，則不妨念書給他聽，促進知性的發達。

父母的責任不可推給子女

擁有眾多兄弟姊妹的家庭，經常出現兄姊代替父母的責任。許多人認為這是理所當然的事，但卻會對兄弟姊妹造成不良的影響。

首先，扮演父母角色的孩子會產生壓力，或是相反的，培養出喜歡命令別人的個性。前者因為壓力而壓抑孩子的精神，後者則妨礙與他人之間的溝通。兩者都具有負面的影響。

年長的兄姊扮演父母的角色，則弟妹在父母和代理父母的雙重管理下，比一般的孩子更受到壓抑。反之，不知如何拿捏保護程度的孩子扮演父母的角色時，可能會過度照顧年幼的弟妹，培養出依賴性重的孩子。

一旦這種經驗深植於年少及年長者的心中，則成年後會留下許多後遺症。即使年長，但孩子畢竟是孩子，絕對不可讓他背負成人的責任。

現代的父母因為工作忙碌，經常會要求年長的兄姊管教年幼的弟妹。但儘管如此，也只能以兄姊的身分照顧弟妹。此外，也可以將指示寫在紙上，讓兄姊自行判斷。

由孩子扮演父母的角色
容易造成各種弊端

透過遊戲培養孩子社會性

在自我萌芽的時期，
孩子已經注意到父母以外的世界。
這也是身體所有器官幾近於完成的時期

已經度過腦和神經、身體發達的三歲時期

過了三歲之後，孩子的腦和神經系統已經大致發育完成，肌肉和關節的機能也逐漸提升，因此，在各種場合會想要依自己的想法和慾望來展現行動。

這時，孩子會和父母以外的人一起遊玩，例如朋友等。可以說是初次與地位和自己相同的「他人」接觸。

與他人接觸的孩子，會遭遇很多不順心的事情，藉此培養「社會性」。

能夠分辨自己與他人的東西、在公園排隊溜滑梯等，和以往隨心所欲的世界完全不同，孩子們逐漸培養出社會性。不過，在最初的階段還是需要父母的支援。

如果這時期無法維持自己與周遭眾人的關係，則這個孩子可能一生都會有人際方面的問題。因此，在這個時期，父母最重要的課題就是讓孩子能夠與他人接觸，同時教導其正確的禮儀。

開始確立「自我」

三歲左右的孩子會表達「不要」或「這是我的」等意思。這就表示孩子的「自我」已經開始覺醒。

以往無條件的接受父母給予的東西，但是，進入這個時期時，腦內會形成許多突觸，對事物的認識逐漸確定，同時加入自己的感覺或感想，發表自己的意見。

一旦擁有自己的意志，就會開始選擇喜歡和討厭的事物，而且這些喜好也會固定下來。接觸到與自己意志不符的事物時，就會表示「不要」或「這是我的」等意思。

這時，父母必須教導孩子「就算不喜歡，該做的事還是要做」的觀念，否則會變得任性。

確認自己身體成長的孩子們

仔細觀察這個時期的孩子的行動，會發現他們反覆做相同的動作，例如，反覆投球或趴在沙發上再滾下來。

看到這種情況的父母，通常會誤以為孩子喜歡打棒球，但這是錯誤的想法。孩子們並不是因為「喜歡」才反覆做同樣的動作。

孩子反覆做相同的動作，是想確認身體能夠隨著自己的意志活動。反覆做相同的動作，可以藉著頭腦和身體檢證自己的身體，確實能夠依照自己的想法來活動，亦即希望意志和身體可以取得協調，所以，才會反覆做同樣的動作。這就是調整身體的階段。換言之，孩子的身體已經步入完成期。

七歲是完成期的第一階段

七歲時迎向人類成長第一階段的完成期。確立各器官都已經發育完成，可以隨心所欲的做一些細微的動作，同時也已經決定好柔軟性等身體的基本特性。

此時，不只是身體的特性，連腦的機能也大致確立，亦即在這個階段就已經決定你的孩子到底是不是超級兒童。

通常一流的運動員在三歲時就已經培養成為競技基礎的能力。因此，希望自己的孩子成為一流的運動員或天才的父母，在這個階段之前，就必須要為孩子打好基礎。

不過，前提是要尊重孩子的意志。勉強孩子做不喜歡的事，會傷害他的心靈，造成未來不幸的人生。總之，尊重自己的孩子，才是培養超級兒童最重要的態度。

【專欄】

神奇的兒童語言學習能力

成年後，學習外語需要付出極大的努力。然而，孩子們卻可以在短短的三年內增加語彙、學會文法和會話，學習力十分驚人。

根據研究顯示，出生後一個月大的嬰幼兒，具有分辨世界所有語言聲音的能力，出生半年後則會習慣周遭人所使用的語言。接著，學會單音、音調和單字，這個過程約需費時一年。

經過這個階段之後，會將詞彙和意義相互結合，語彙急速增加。據統計，二歲前可以記住將近二千個單字。

二歲開始學習將二個以上的單字連接起來使用。例如想喝果汁時，以前只會說「果汁」，但現在則會結合名詞和動詞，說「想喝果汁」。

父母要盡量將片語分開說給一歲半之前的孩子聽。過了這個時期，再慢慢的使用夾雜連接詞等的詞彙，讓孩子能儘早學會複雜的文法。在這個階段，培養孩子說話的素養。在此時期的語言學習，會影響其一生的說話能力。最初不可說太艱澀的語彙，但是，可以配合孩子語言能力的成長，讓他慢慢接觸比較複雜的文法。

超級兒童

第7章 創造健康又充滿活力的孩子的飲食學

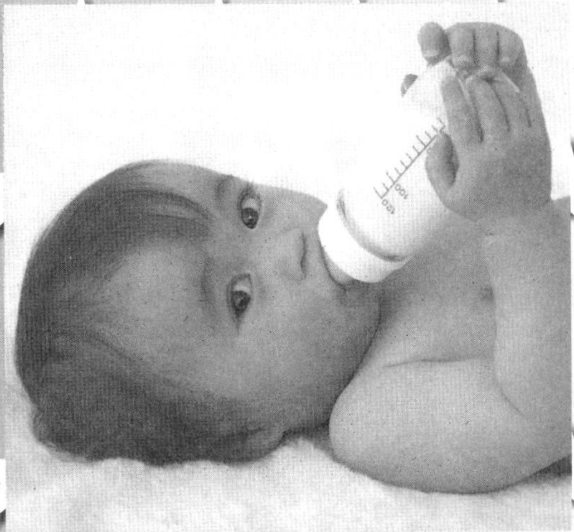

主編／
營養管理師
鈴木泉

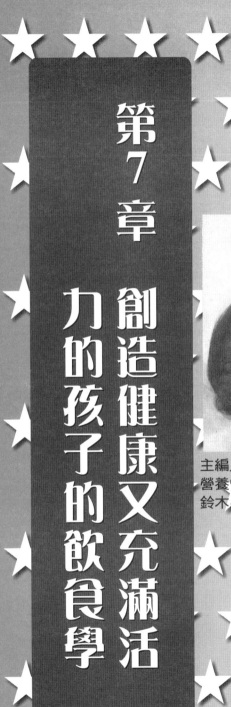

創造健康又充滿活力的孩子的飲食學

對於孩子的健康和成長而言，「飲食」是不可或缺的。
幼兒期的飲食習慣，決定孩子未來的健康或壽命。
既然成長期非常重要，那麼，就要學習並實踐正確的飲食。
掌握影響一生的這個時期所需的營養，均衡的攝取。
良好的飲食習慣才是創造健康的捷徑。
當然，父母的協助和示範也很重要。
好惡、偏食、外食或不規律的飲食等，父母要重新評估孩子的飲食生活，同時耐心的陪伴孩子成長。

成長期時要攝取大量的營養

成人能夠維持某種程度的健康，但是，孩子卻不同。孩子的成長非常明顯，骨骼和肌肉會逐漸變粗，同時長高。事實上，在六歲～十七歲時，男孩的身高以一・五倍的速度成長，體重增加三倍，而女孩的身高以一・四倍的速度成長，體重增加二・五倍。

這個時期必須攝取大量的營養，比成人更需要注重「飲食問題」。

對成長而言，蛋白質、鈣質和鐵特別重要。蛋白質是創造身體的物質，肉類、海鮮類、蛋、牛乳、乳製品和大豆中含量豐富。鈣質是創造骨骼和牙齒的物質，牛乳、乳酪、優格等乳製品及小魚、海藻、豆類・豆製品中含量豐富。鐵則能夠製造血液，可以經由菠菜等深色蔬菜或肝臟等內臟攝取到鐵質。

六～八歲的男孩，一天所需的蛋白質為六十公克（女孩為五

十五公克）。成年男性為七十公克（成年女性為五十五公克），稍微降低。孩子和成人的身體大小不同，六～八歲的男孩平均體重為二四・六公斤（女孩為二三・九公斤），成年男性為六七公斤（成年女性為五四・二公斤）。以這個比例來看，成長期的孩子需要成人二倍以上的蛋白質。

孩子們普遍出現高熱量但營養不足的「現代型營養失調」

現在的孩子普遍有缺乏蛋白質、鈣質和鐵的傾向。

原因在於偏差的飲食生活。

街上充斥著速食店及便利商店，只要有錢，隨時都可以買到想吃的東西。這種現代的生活方式，成為孩子偏食的一大要因。

雖然學齡期的孩子可以藉著學校提供的營養午餐保持營養均衡，但是點心、晚餐或假日的飲食等卻無法兼顧。

六～十一歲的孩子，一天所需要的熱量為一五〇〇～一九五〇大卡，點心則最好控制在十～十五％的熱量。

從學校放學到去補習班之前吃點心，例如吃奶油麵包、麵包捲和果汁，結果二個麵包的熱量為五百～六百大卡，而一瓶果汁則含有二十～三十公克的砂糖，熱量約為一百大卡，總共攝取六百～七百大卡的熱量。其中多半是「脂肪」和「糖分」，缺乏所需的蛋白質和鈣質。

攝取營養價低的飲食，這種「現代型營養失調」現象，成為今日飲食生活的一大問題點。

腦與熱量的話題

血糖是活動身體同時也是腦細胞的熱量來源。孩子與成人相比，就體重而言，腦佔極大的比例，所以需要大量的熱量。

早餐時，幾乎已經耗盡前一天晚上所攝取的醣類，血糖值偏低。如果不吃早餐，則腦的熱量不足，這種情況會持續到吃午餐之前，結果整個上午都頭腦茫然，無法發揮作用。

成長期是要讓各種機能和能力發達的時期，而且必須藉著在腦中形成線路才能達成。一旦腦處於熱量不足的狀態，則對於孩子各種能力的成長而言，當然是一種阻礙。

因此，一定要讓孩子確實養成吃早餐的習慣。

不吃早餐導致學力減退

一九九八年「Better Home協會」發表調查（各年齡層三百人的結果），回答「自己身邊有不吃早餐的人」者約佔八成。尤其年輕人，大部分不吃早餐。而孩子不吃早餐的比例也日益增加。

不吃早餐（無法吃早餐）的原因是什麼呢？以下就來看看小學生紀由的例子。

紀由不吃早餐就去上學。結果，整個上午上課時頭腦茫然，聽不進老師所說的話。吃完營養午餐後，終於變得有活力。放學後就去補習班。

途中吃了帶餡兒麵包和零食，喝果汁。補習班下課回家後才吃晚餐。做完功課就熬夜打電動玩具。因為晚睡，所以吃泡麵當消夜……。

結果紀由在不餓的狀態下醒來，再加上熬夜，因此只想賴床，根本不想吃早餐。

由本例可知，除了養成吃早餐的習慣之外，一定要使前一天晚上的生活恢復正常，才能戒除惡性循環。

一天三餐加上一次點心，在固定的時間攝取必要的量。若能維持這種規律正確的飲食方式，就能使孩子擁有健全的食慾，創造健康的身體。

使食物變得美味的正常食慾

血糖值是與食慾有密切關係的身體指標。

血中的葡萄糖稱為血糖，葡萄糖則是食物中的澱粉被消

避免給孩子零用錢買點心 而要為他「準備」點心

對孩子而言，點心是攝取營養的重要來源之一。避免給孩子零用錢買點心，而應該花點心思做點心給孩子吃。

這樣才能夠使孩子擁有健全的身心。

例如，在冰箱裡準備以下的食品，就能夠補足三餐所缺乏的營養素。

•事先洗淨、削好而容易入口的花椰菜或西洋芹、當令季節的水果等•牛乳（擔心肥胖則可以改用低脂牛乳）•乳酪或優格等乳製品•堅果類（杏仁、杏仁果）•水果乾（加州梅、葡萄乾、乾杏等）•一〇〇%純果汁•糙米麵包、胚

化後轉化而成的。經由小腸吸收，進入血液中。身體熱量的六十～七十%的部分都要依賴血糖。

人體具備保持穩定血糖值的構造。藉著胰島素的作用，飯後血中增加的血糖會轉化為肝糖，而儲存於肝臟。反之，血糖值降低時，則藉著增血糖素的作用，肝糖會轉化為葡萄糖，以維持穩定的血糖值。這種身體的生物規律，使得血糖值能夠保持七〇～一四〇mg／dl的濃度。

血糖值會對食慾造成極大的影響。腦中具有滿腹中樞和攝食中樞。感覺吃飽的是「滿腹中樞」，感覺飢餓的則是「攝食中樞」。

飯後三十分鐘內血糖值上升。血糖值升高時，滿腹中樞受到刺激，就會產生吃飽的感覺而沒有食慾。經過一段時間後，血糖成為體內的熱量，慢慢的被消耗掉，血糖值下降。這時，偏低的血糖值會刺激攝食中樞，引起食慾。

用餐時間使血糖值下降，這樣飯吃起來才會美味可口。最好能夠藉著活動來消耗體內的熱量。不過，若是攝食時間間隔縮短，則無法使血糖值完全下降而引起食慾。

太晚吃早餐，則中午的營養午餐或便當就會變得難以下嚥。太晚吃消夜、晚餐前喝果汁或吃甜點等，則即使只攝取些微量的糖分，也會使血糖值急速上升，缺乏食慾。

規律正常的飲食才能夠引發「食物美味可口的食慾」。

芽麵包

處理蔬菜的秘訣是，要事先洗淨切好，隨時都可以吃。冰箱裡則最好常備牛乳或乳製品。

堅果類含有鎂和礦物質，但是鹽分含量偏高，肥胖的孩子必須減少攝取量。

水果乾含有礦物質，搭配優格，更加美味可口。

果汁含有大量的糖分，最好飲用一〇〇%純果汁，才能攝取到豐富的維他命C。

糙米麵包或胚芽麵包，其營養價極高，而且為增加咀嚼次數，可以選擇較硬的麵包當點心。

掌握理想的營養量

接著，來探討理想的兒童飲食。含有成長所需營養的食品，可以分為下列四群（均衡攝取各群很重要）。具體的量請參考下表。

第一群　完全營養食品
○乳・乳製品
○蛋

第二群　成為血與肉的蛋白質來源
○肉類・海鮮類
○豆類・豆製品

第三群　維他命等礦物質
○蔬菜
○芋類
○水果

第四群　成為熱量的食品
○穀物
○砂糖
○油脂

第4群						第3群						第2群				第1群				食品群	
穀物		油脂		砂糖		蔬菜		芋類		水果		海鮮・肉類		豆・乳製品		乳・乳製品		蛋			
男	女	男	女	男	女	男	女	男	女	男	女	男	女	男	女	男	女	男	女	性別／年齡	
70	70	10	10	5	5	150	150	50	50	100	100	50	50	30	30	400	400	50	50	1～2 歲	生活活動強度
120	100	15	15	10	10	150	150	60	60	150	150	60	60	40	40	400	400	50	50	3～5	
140	120	15	15	15	10	250	250	60	60	150	150	100	100	60	60	400	400	50	50	6～8	
170	140	20	15	20	15	300	300	100	100	200	200	130	120	60	60	400	400	50	50	9～11	
280	180	20	20	25	20	300	300	100	100	200	200	120	100	80	60	250	250	50	50	18～29	
280	180	20	20	25	15	300	300	100	100	200	200	120	100	60	60	250	250	50	50	30～49	

（單位是公克）

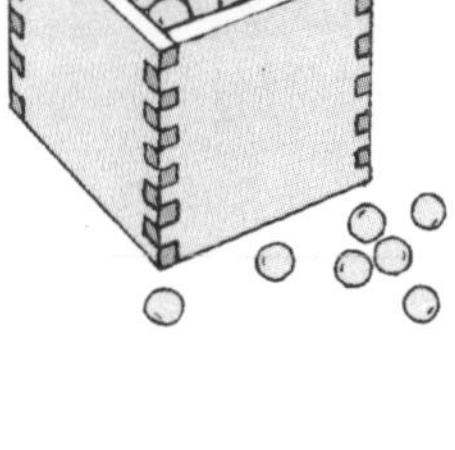

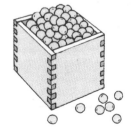

基本上，一天要攝取三次飯、湯類、成為蛋白質源的配菜（肉・魚・豆腐等）、深色蔬菜（胡蘿蔔、菠菜等）和淡色蔬菜(高麗菜、白蘿蔔等)，同時要規律的攝取一次點心。

乳、乳製品則需要成人二倍的量。孩子必須攝取大量的鈣，最好經常攝取牛乳、乳酪和優格等。

大部分的孩子都討厭吃蔬菜，但是，光吃生菜沙拉並不夠。一碗生菜沙拉看起來量很多，然而卻無法攝取到豐富的蔬菜。

此外，萵苣或小黃瓜等生菜沙拉常用的蔬菜，維他命含量較低。事實上，只要攝取溫熱蔬菜，就可以攝取到較多的量，同時也能順利攝取到胡蘿蔔或菠菜等營養價較高的深色蔬菜。

食品的組合與營養吸收具有密切的關係。

例如，當糖分、碳水化合物吸收過多時，就容易缺乏穀物、肉類和蔬菜中含量較多的維他命B_1。而經常吃甜點或喝果汁的孩子，也容易缺乏維他命B_1。缺乏維他命B_1，會變得焦躁、倦怠、容易疲累。

另外，運動選手培養耐力不可或缺的營養素，就是維他命B_1。

肝臟等內臟、大豆及海產中則含有豐富的維他命B_2，是體內脂質燃燒所需的營養素。因此，經常吃蛋糕或速食品等食物，亦即攝取太多的脂質而有過胖傾向的孩子，應該積極攝取重要的營養素維他命B_2。

掌握食物的作用和均衡，

適量的給予孩子，這是父母的責任。

記住，少吃一餐或以點心當正餐，那麼，一天所需的營養會不足。

【專欄】

陸續出現的過敏症狀

關於兒童的食物過敏方面，最常聽到的是牛乳和蛋。據說這些過敏是因為母親在懷孕時攝取過多的蛋白質所造成的。

人體藉著消化作用，能夠將蛋白質分解成氨基酸，由腸吸收。然而，幼兒期的孩子消化能力不發達，無法將蛋白質完全分解掉，使得蛋白質被大量吸收，結果就容易引起過敏。

二歲之後，消化系統發達，症狀多半會自然痊癒。不過，最近許多孩子在幼兒期出現的症狀卻遲遲無法改善。例如，過敏休克等嚴重症狀的事例陸續出現。

去除過敏有各種的飲食法。

成人病後備軍增加，問題在於嬰幼兒時期的飲食習慣嗎

既然飲食是每天的習慣，那麼孩提時代的飲食習慣幾乎會維持一生。而多數人的飲食習慣，則都取決於嬰幼兒時期的飲食生活。

然而，近年來嬰幼兒時期的飲食生活卻引發健康問題。

成人陸續出現肥胖、高血壓、高膽固醇血症、高血脂症和動脈硬化等生活習慣病而開始的時期就在孩提時代。

除了肥胖之外，孩子沒有其他自覺症狀，所以，容易被忽略。實際檢查時則會發現，高血脂症等血液成分異常的孩子相當多。

兒童成人病就是脂質、醣類、食鹽攝取過剩所造成的。雖然這些都是重要的營養素，但攝取過多會危害健康。

例如脂肪細胞在三歲的幼兒時期就已經形成，成年後，細胞量也不會改變。

換言之，在幼兒時期攝取過多的脂肪，細胞量會急遽增加。因此，就算成年後變瘦，但因為脂肪細胞多，所以會形成容易發胖的體質。

到一九七〇年代為止，成人體脂肪率的平均值只有十～二十%，但是，現在則已經超過二五%。

攝取過多的甜點或果汁，亦即每天攝取好幾次醣類，則容易對於具有降血糖值作用的胰島素功能造成不良影響，成為引起糖尿病的原因。

日本人是全世界鹽分攝取過多的民族。攝取了過多的食鹽，容易引發高血壓，所以，最好避免攝取加工食品、調理包食品、零食或外食等會導致鹽分過量的食品。

近年來，成人病低年齡化，問題可能在於嬰幼兒時期的飲食習慣

父母的做法會影響子女的健康

孩子喜歡模仿父母，飲食方面也是如此。

無論是調味、何種食物攝取多少比例、蔬菜攝取量，或是否攝取過多的肉和魚等，孩子會繼承家庭中的飲食生活方式。因此，父母必須慎選給予孩子的食物，並且以身作則，示範正確的吃法。

一天幾次、幾點進食、用餐速度等，需教導孩子們正確的飲食法非常重要。一天三餐中，早餐一定要吃，晚餐時間則要正常，這些都要提醒孩子們注意。

現在的孩子習慣吃柔軟的食物，導致咀嚼力減弱。但是像小魚乾或穀物等，則要細嚼慢嚥，這樣才能夠建立良好的飲食速度和規律。教導孩子養成正確的飲食習慣是父母的責任。

以下不妨來探討食物的環境。家裡經常擺放零食，或父親習慣喝酒時，以洋芋片當下酒菜，這樣當然會刺激孩子想要吃零食的慾望。零食應該放在孩子拿不到的地方，而且要拒絕讓孩子吃零食。

總之，要避免製造讓孩子隨時可以拿到零食的環境。

全家人一起攝取營養

雙薪家庭、孩子要上補習班或參加社團活動，全家人用餐時間不同，這也是導致飲食習慣不良的原因之一。

根據最近的問卷調查，顯示一週內全家一起用餐的次數

觀察包圍孩子的飲食生活環境，避免讓他吃過多的零食，調整孩子的飲食生活

最多為二次。

父母因為忙碌而不注重飲食，結果孩子們往往就購買便利商店的便當打發一餐。

對於養成規律均衡的飲食而言，全家人一起用餐是很重要的。

此外，味道重或偏於某類食物，也會影響孩子的飲食習慣，所以最好選擇口味較清淡的菜餚。衡量一天營養均衡的問題，製作可以彌補所需營養素的料理吧！

況且除了攝取均衡的營養之外，藉此也能夠與孩子進行親密的接觸。

很多孩子午餐都吃泡麵，但泡麵中含有大量的磷，會導致體內的鈣排出，骨骼變得脆弱。不關心孩子的飲食，就無法察覺到這一點。了解這種狀況後，則如果午餐吃泡麵，那麼晚餐就必須攝取含有大量鈣的乳製品，藉此就能夠保持營養的均衡。

和孩子接觸的時間不足，也是容易助長其偏差飲食生活的原因。因此，聊天也是使孩子營養充足的重要營養素。

即使無法一〇〇%達到理想的飲食，但全家人也要同心協力，一起慢慢的攜手前進。

以一天攝取三十種食物為目標，擬定一週的健康菜單

考慮到營養均衡及適當的量，那麼，最理想的做法是一天攝取三十種食品。每餐要吃十種（蔥花等藥味或味噌以外的調味料不能算是一種），則必須在組合上花點心思。

例如同樣是蛋白質來源，但是，可以準備肉和麻婆豆腐二種。蔬菜、馬鈴薯燒肉，再加上燙青菜，就能夠攝取到多種食品。

能夠選擇和前一餐不同的食品，也是攝取到較多種類的吃法之一。午餐吃肉，晚餐就吃魚，這樣才能創造吃不膩的飲食規律，攝取均衡的營養。

尤其從小學低年級開始，一定要養成正確的飲食習慣。

一流的運動選手多半在年幼時期就已經知道必要的營養及均衡性，而且會注意到什麼是跑跳所需的熱量食品、何種食品不可攝取過多等的問題。

這種自覺性的攝取飲食方式，不會危害健康，同時能夠創造強壯的身體。

希望將來成為一流的運動員，那麼，在青少年時期就要培養出能夠創造健康身體的必要營養知識。

★充足率★

（充足率以10歲男孩為標準）

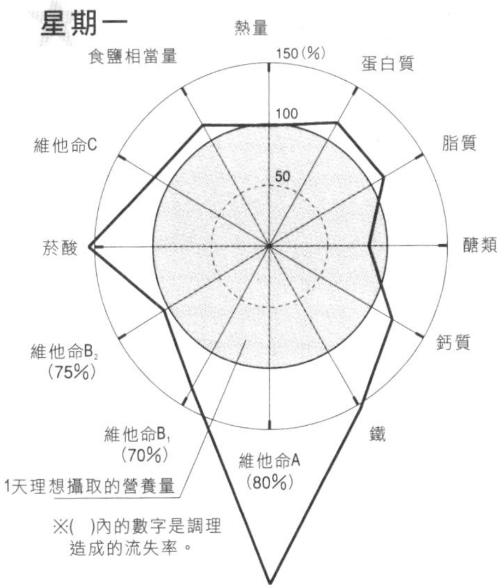

※( )內的數字是調理造成的流失率。

★飲食菜單★

星期一　熱量　1925大卡

	料理名	材料	分量
早餐	芝麻魩仔魚煎蛋	蛋	1個半
		芝麻	1小匙
		魩仔魚	1小匙
		蔥	1小匙
		砂糖	1小匙
		油	1小匙
		鹽	少許
		青紫蘇	1片
	芝麻拌小油菜	小油菜	70
		芝麻	2小匙
		砂糖	1小匙
		醬油	1小匙
	煎維也納香腸	維他納香腸	3根
		油	少許
	味噌湯（光蓋庫恩菇）	光蓋庫恩菇	20
		鴨兒芹	少許
		味噌	10
	飯		1碗
午餐	牛蒡燉金槍魚	牛蒡	50
		胡蘿蔔	30
		洋蔥	25
		蕪菁	50
		蕪菁葉	18
		罐頭金槍魚	50
		奶油	5
		麵粉	1小匙
		牛乳	1/2杯
		鹽・胡椒	少許
	水果	奇異果	1個
		蘋果	1/2個
	果醬全麥吐司	全麥吐司麵包	2片
		草莓醬	1大匙
晚餐	豬肉蔬菜捲	豬腿肉	80
		馬鈴薯	40
		胡蘿蔔	25
		四季豆	15
		萵苣	20
		芥末	少許
		油	1小匙
		鹽・胡椒	各少許
	豆腐沙拉	傳統豆腐	75
		蔥	15
		西洋芹	10
		萵苣	15
		青椒	7.5
		豌豆嬰	7
		油炸餃子皮	1片
		醃鹹梅	1個
		油	2小匙
		醋	1小匙弱
		醬油	1/3小匙
	味噌湯（蛤仔）	蛤仔	38g(連殼)
		蔥	1小匙
		味噌	10
	飯		1碗

（沒有單位的數字全部是公克）

星期三　熱量　1991大卡

	料理名	材料	分量
早餐	乳酪煎蛋捲	蛋	1個
		加工乾酪	15
		鹽・胡椒	各少許
		奶油	1小匙
		荷蘭芹	少許
	綠蘆筍沙拉	綠蘆筍	50
		鹽・胡椒	各少許
		檸檬汁	少許
		美乃滋	1小匙
		牛乳	1/2小匙
		小番茄	2個
	吐司		2片
	葡萄柚		1/2個
	牛乳		200
午餐	年糕烏龍麵	煮過的烏龍麵	250
		雞腿肉	20
		魚板	20
		菠菜	20
		新鮮香菇	15
		魚肉雞蛋捲	20
		年糕	1塊
		蔥	10
		醬油	1 1/2大匙
		料酒	1/2大匙
		砂糖	少許
	芝麻醋拌高麗菜小黃瓜	高麗菜	65
		鹽	少許
		小黃瓜	15
		芝麻	2小匙強
		砂糖	1小匙強
		醬油	1/3小匙
		醋	1小匙
		新鮮海帶芽	15
		醬油	少許
	加州梅優格	原味優格	100
		加州梅乾	3個
晚餐	辣味秋刀魚	秋刀魚	1尾
		鹽	少許
		麵粉	少許
		油	1小匙弱
		番茄醬	1大匙強
		辣椒醬	1小匙弱
		醬油	1/2小匙
		花椰菜	40
		豌豆片	10
		綠蘆筍	30
		無油調味醬	1大匙弱
	雙層煮馬鈴薯番茄	馬鈴薯	75
		洋蔥	30
		番茄	25
		奶油	6.5
		鹽・胡椒	少許
		荷蘭芹	少許
	海藻沙拉	綜合海藻沙拉	5
		白蘿蔔	25
		豌豆嬰	5
		魚板	15
		柴魚片	少許
		烤海苔	少許
	飯		1碗

星期二　熱量　1964大卡

	料理名	材料	分量
早餐	納豆山藥汁	納豆	1包
		蔥	1小匙
		山藥	12
		醬油	1 1/2小匙
		山葵	少許
		鵪鶉蛋	1個
	金平牛蒡	牛蒡	60
		胡蘿蔔	10
		辣椒	少許
		油	1小匙
		砂糖	1 1/2小匙
		醬油	1小匙
		酒	1 1/2小匙
	調味紫菜		1包
	味噌湯（海帶芽・豆腐）	嫩豆腐	50
		新鮮海帶芽	10
		味噌	10
	飯		1碗
	橘子		1/2個
午餐	鮪魚大碗飯	鮪魚瘦肉	60
		醬油	1大匙
		砂糖	1小匙強
		料酒	1大匙弱
		山葵	少許
		壽司飯	220
	茶碗蒸	蛋	1/2個
		鹽	少許
		醬油	少許
		雞柳	1/4條
		酒	少許
		新鮮香菇	1/2朵
		鴨兒芹	少許
		魚板	1塊
		白果	2個
	芝麻拌豌豆片	豌豆片	40
		芝麻	1 1/2小匙
		砂糖	1小匙弱
		醬油	1/2小匙
	牛乳		200
晚餐	咖哩煮菜豆蔬菜	煮過的菜豆	60
		菠菜	50
		洋蔥	75
		蒜	少許
		薑	少許
		油	1/2小匙
		咖哩粉	1 1/2小匙
		辣椒	少許
		湯塊	1/2個
		罐頭番茄	1/4罐
		醬油	3/4小匙
		英國辣醬油	1 1/2小匙
		鹽・胡椒	各少許
	雞肉沙拉	雞腿肉	50
		鹽・胡椒	各少許
		油	1小匙弱
		調味醬	1大匙弱
		水芹	5
		菊苣	10
		萵苣	30
		生菜	2片
	印度甩餅		1片

星期二

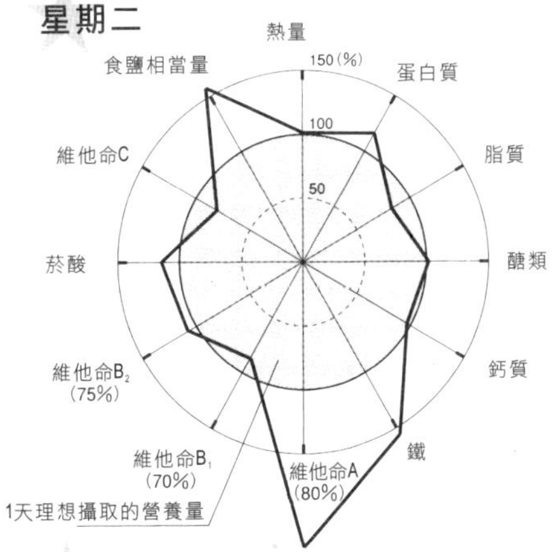

星期三

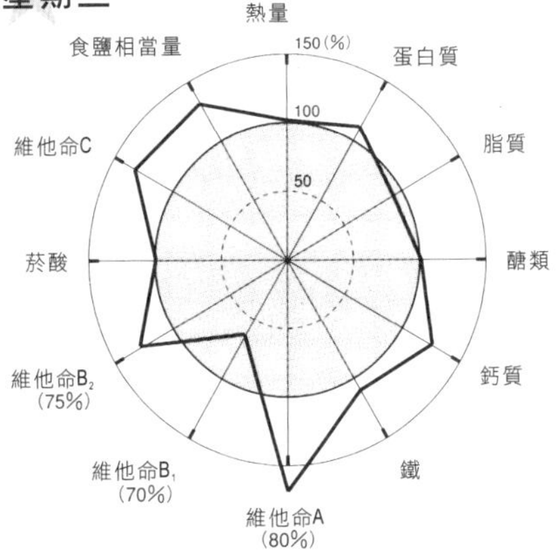

星期四

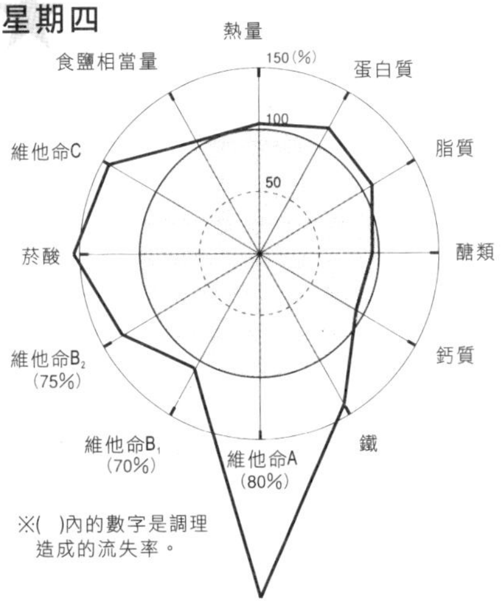

※( )內的數字是調理造成的流失率。

星期四　熱量　2029大卡

	料理名	材料	分量
早餐	蔬菜湯	洋蔥	20
		胡蘿蔔	20
		高麗菜	20
		西洋芹	10
		馬鈴薯	20
		豌豆片	5
		奶油	6
		湯塊	2/3個
		鹽・胡椒	各少許
	煮蛋	蛋	1個
		鹽	少許
	火腿乳酪三明治	全麥麵包	2片
		乳瑪琳	適量
		烤火腿	1片
		乳酪	1片
	香瓜		1/6塊
午餐	日式花枝納豆義大利麵	義大利麵(乾)	100
		納豆	30
		花枝	30
		料酒	1/2小匙
		醬油	1大匙強
		油	1 1/2小匙
		細香蔥	少許
		烤海苔	少許
	酪梨生菜沙拉	酪梨	20
		番茄	30
		萵苣	30
		小黃瓜	20
		花椰菜	30
		萵苣	20
		豌豆嬰	5
		黃辣椒	5
		無油調味醬	20
	加糖優格		1個
晚餐	南瓜丸子	南瓜	80
		雞絞肉	15
		洋蔥	15
		油	1小匙弱
		鹽・胡椒	各少許
		麵粉	2小匙
		蛋	少許
		麵包粉	少許
		炸油	
		高麗菜絲	30
		小胡蘿蔔	1個
		檸檬	1/8個
	豆腐蔬菜淋醬	嫩豆腐	1/3塊
		胡蘿蔔	7
		蔥	7
		雞柳	7
		湯塊	1/3個
		鹽	少許
		醬油	1/3小匙
		太白粉	1/3小匙強
	金平金菇胡蘿蔔	金菇	50
		胡蘿蔔	20
		辣椒	少許
		油	1小匙
		砂糖	1 1/2小匙
		醬油	1 1/2小匙
		酒	1 1/2小匙
	飯		1碗

星期五

熱量 2062大卡

	料理名	材料	分量
早餐	什錦青江菜牡蠣	牡蠣	50
		青江菜	75
		洋蔥	25
		馬鈴薯	25
		湯塊	1/2個
		牛乳	200
		白葡萄酒	20
		麵粉	2小匙
		奶油	6.5
		鹽・胡椒	各少許
	煮蛋	蛋	1個
	法國麵包		80
	草莓		5個
午餐	玉筋魚炒飯	玉筋魚	25
		青椒	1個
		豆芽菜	50
		炒過的花生	15
		辣椒	少許
		油	2小匙
		醬油	1/2小匙
		飯	220
	花椰菜沙拉	花椰菜	50
		番茄丁	10
		無油調味醬	1/2大匙
	海帶芽湯	新鮮海帶芽	12
		芝麻	1/2小匙
		雞架子湯	1杯
		鹽	1/5小匙
		醬油	1/4小匙
		酒	1/2小匙
		太白粉	1小匙弱
		胡椒	少許
晚餐	糖醋雞肝	雞肝	100
		醬油	2小匙
		酒	1小匙
		太白粉	1/2小匙
		煮過的竹筍	30
		新鮮香菇	1朵
		胡蘿蔔	15
		豌豆片	3片
		雞架子湯	1/2杯
		番茄醬	2小匙
		砂糖	2小匙
		醋	2小匙
		油	2小匙
	牛乳煮南瓜	南瓜	100
		牛乳	1/4杯
		砂糖	2/3小匙
		鹽	少許
	白芝麻拌茼蒿蒟蒻	茼蒿	50
		蒟蒻	25
		胡蘿蔔	12
		傳統豆腐	75
		芝麻	1 1/2小匙
		味噌	1/2大匙
		砂糖	1 1/2小匙
		料酒	1小匙
	飯		1碗

星期六

熱量 2030大卡

	料理名	材料	分量
早餐	小乾白魚青紫蘇握壽司	飯	150
		小乾白魚	12
		青紫蘇	3片
		烤海苔握壽司	2個份
	什錦湯	豆腐	75
		雞腿肉	25
		白蘿蔔	20
		胡蘿蔔	10
		芋頭	15
		牛蒡	10
		蔥	10
		油	2小匙弱
		鹽	1/5小匙
		醬油	2/3小匙
	煮羊栖菜	乾羊栖菜	7
		胡蘿蔔	14
		煮過的大豆	7
		油豆腐皮	7
		油	1小匙
		砂糖	1小匙強
		醬油	2/3小匙
		酒	1小匙弱
	水果優格	草莓	大1個
		奇異果	1/2個
		香蕉	1/4根
		加州梅	1個
		原味優格	100
午餐	石鍋拌飯	蛋	1/2個
		牛腿肉	50
		小油菜	40
		豆芽菜	40
		煮過的薇菜	40
		白蘿蔔	35
		胡蘿蔔	5
		芝麻	1大匙
		蔥	10
		蒜	少許
		芝麻油	2小匙強
		砂糖	1小匙
		醬油	2小匙
		鹽	少許
		醋	1/2小匙弱
		淡味醬油	1/2小匙
		飯	220
	中式蛋花湯	煮過的竹筍	12
		胡蘿蔔	7.5
		木耳	2
		豌豆片	5片
		雞架子湯	1杯
		鹽	少許
		醬油	1/4小匙
		酒	1/2小匙
		太白粉	1/2小匙
		蛋	15
晚餐	雞肉蔬菜煮番茄	雞腿肉	100
		醬油	1小匙
		鹽・胡椒	少許
		麵粉	2小匙弱
		橄欖油	1小匙弱
		白葡萄酒	1大匙弱
		番茄醬	75
		青椒	1個
		玉蕈	30
	燉南瓜	南瓜	100
		洋蔥	10
		奶油	10
		麵粉	2小匙弱
		湯塊	1/3個
		牛乳	50
		鹽・胡椒	少許
		荷蘭芹	少許
	什錦沙拉	酪梨	20
		番茄	30
		萵苣	20
		小黃瓜	20
		花椰菜	30
		萵苣	20
		豌豆嬰	5
		煮過的紅辣椒	5
		無油調味醬	20
	飯		1碗

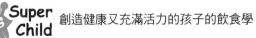

星期五

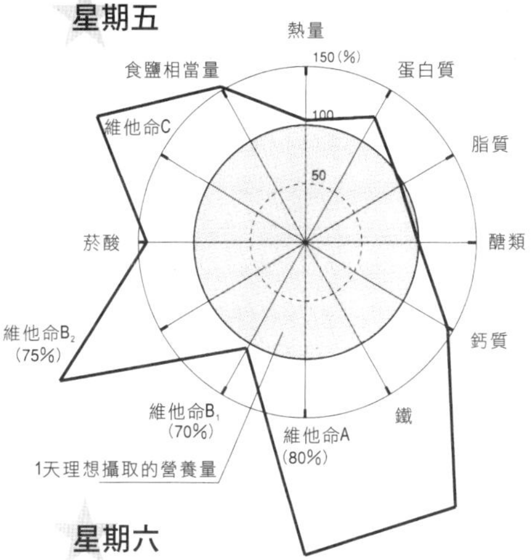

星期六

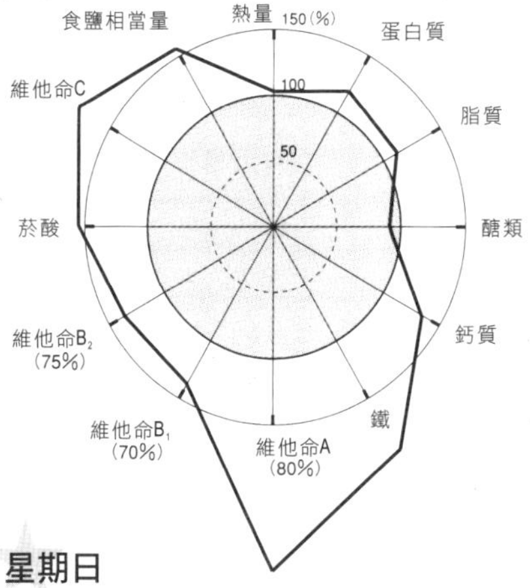

星期日

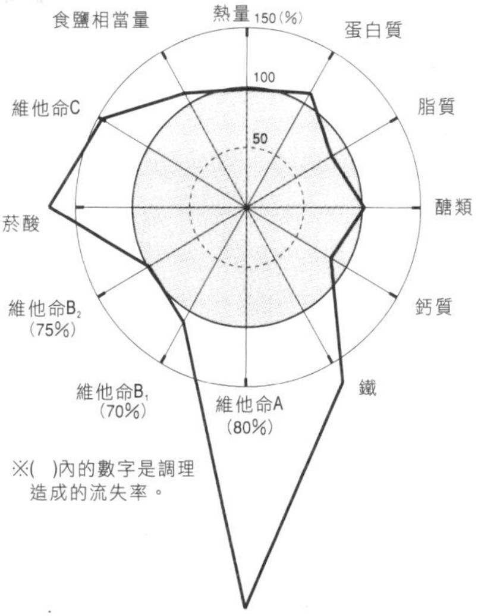

※( )內的數字是調理造成的流失率。

星期日　熱量　1934大卡

	料理名	材料	分量
早餐	熱狗	熱狗麵包	1條
		乳瑪琳	1小匙強
		高麗菜	25
		維也納香腸	長形1根
		番茄醬	1小匙
		芥末	少許
	海鮮濃湯	蛤仔	連殼125g
		培根	10
		洋蔥	20
		馬鈴薯	20
		胡蘿蔔	15
		蕪菁	15
		罐頭玉米	5
		油	1小匙
		青豆	1小匙
		麵粉	2小匙弱
		湯塊	少許
		牛乳	1/4杯
		蘇打餅乾	1片
	橘子		1/2個
	水果優格		1個
午餐	中式蓋飯	雞腿肉	25
		胡蘿蔔	15
		煮過的竹筍	15
		青江菜	15
		蔥	20
		新鮮香菇	15
		醬油	1小匙
		酒	1小匙
		太白粉	1/2小匙
		油	1小匙強
		鹽	少許
		飯	220
	餃子湯	新鮮海帶芽	12
		芝麻	1 2小匙
		雞架子湯	200
		鹽	少許
		醬油	1/4小匙
		酒	1/2小匙
		太白粉	1小匙弱
		胡椒	少許
		冷凍水餃	2個
	牛乳羊羹	洋菜	0.5
		砂糖	15
		牛乳	35
		檸檬	1片
		奇異果	1/3個
晚餐	石狩鍋	鮭魚	1塊
		胡蘿蔔	25
		馬鈴薯	50
		洋蔥	40
		蔥	25
		白蘿蔔	50
		味噌	1大匙
		海帶	1
		酒	1大匙
	五目豆	大豆	20
		胡蘿蔔	20
		蒟蒻	20
		蓮藕	20
		海帶	2
		砂糖	2小匙
		鹽	少許
		醬油	3/4小匙
	燙菠菜	菠菜	70
		醬油	1小匙
	玉蕈飯	白米	60
		玉蕈	20
		鹽	少許
		醬油	1/4小匙
		酒	1/3小匙

改善孩子偏食習慣的完美食譜

觀察孩子的好惡，只要母親多下點工夫，就能使料理變得美味可口。為了創造強壯的身體，應該儘早矯正孩子偏食的習慣。

咖哩煮菜豆蔬菜

利用美味的咖哩增添菠菜和菜豆的風味！

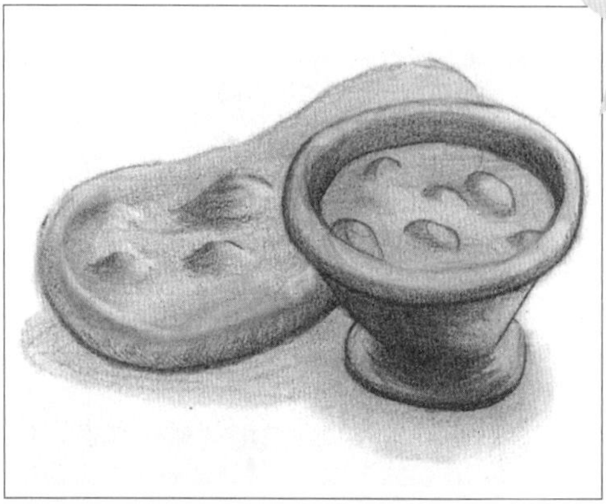

材料・分量(4人份)

煮過的菜豆	250克	月桂	1片
菠菜(燙過，切成3公分長)	200克	滾水	2杯
		湯塊	2個
洋蔥末	300克	水煮番茄罐頭	400克
蒜末	2塊	醬油・英國辣醬油	各1大匙
薑末	1塊		
沙拉油・咖哩粉	各2大匙	番茄醬	2大匙
紅辣椒末	1～2根	鹽・胡椒	各少許

作　法

1. 鍋中熱沙拉油，放入洋蔥、蒜、薑，炒到變色後，加入咖哩粉、辣椒、月桂拌炒。
2. 倒入滾水、碾碎的湯塊、水煮罐頭番茄，再用木杓將番茄壓碎。加入醬油、英國辣醬油、番茄醬調味。混入菜豆，避免煮焦。用小火煮30分鐘。
3. 放入菠菜，並撒上鹽、胡椒調味。煮滾後熄火。

（1人份：熱量355大卡）

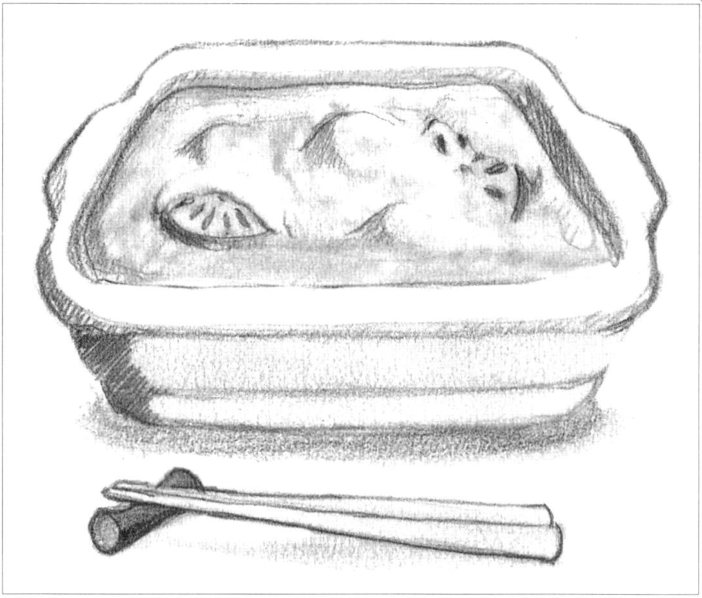

日式焗菜

混入大量蔬菜的日式焗菜，將胡蘿蔔煮軟，容易入口。

材料・分量（4人份）

煮過的馬鈴薯(切成1口大小)　4個
蔥(切成1公分)　2根
胡蘿蔔(切成5毫米厚的圓片)　80克
蓮藕(切成5毫米厚的半月形)　100克
鹽・胡椒・豆蔻　各少許
湯塊　2個
塗抹在器皿上的奶油　少許
牛乳　3杯
披薩用乳酪　100克

作　法

1. 馬鈴薯、蔥、煮過的胡蘿蔔、蓮藕撒上鹽、胡椒和豆蔻。混入碾碎的湯塊。
2. 將 1 放入塗上奶油的烤盤中，倒入牛乳，撒上乳酪。
3. 放入加熱到200度的烤箱中，烤成金黃色。約需烤12～13分鐘。

（1人份：熱量343大卡）

辣味煮魚

用辣椒醬去除魚的腥味，則任何魚吃起來都很美味。

材料・分量（4人份）

秋刀魚小 4 尾(也可以用鯖魚、花枝等)
鹽・麵粉　少許
沙拉油　4小匙
(A)
　番茄醬　4大匙
　辣椒醬　4小匙
　醬油　少許
花椰菜　1 個
花菜　1/2 個
鹽　少許

作　法

1. 秋刀魚去頭，並且去除內臟，剖開用水洗淨。1尾切成2～3等分。撒上少許鹽，擱置一會兒，拭除水氣，撒上麵粉。
2. 煎鍋中熱油，用中火煎秋刀魚5～6分鐘，直到熟透為止。
3. 　充分混合後，淋在秋刀魚上。
4. 用鹽水煮花椰菜、花菜，和秋刀魚一起盛盤。

（1人份：熱量279大卡）

什錦玉筋魚

小魚和青椒混入飯中，堅果香氣四溢。

材料・分量（４人份）

玉筋魚　8大匙
青椒(切成5毫米正方形)　4個
豆芽菜　200克
花生(略切)　60克
蒜末　3塊份
紅辣椒　1根
沙拉油　2大匙
飯　880克
鹽　1小匙
稍微碾過的胡椒、醬油　各少許

作　法

1. 沙拉油、蒜、去籽切碎的紅辣椒、玉筋魚放入煎鍋中，慢慢的炒。
2. 產生香氣後，依序放入花生、青椒、豆芽菜、飯拌炒。熟透後，撒上鹽、胡椒調味。最後沿著鍋邊淋上醬油拌炒即可。

（1 人份：熱量 484 大卡・鈣質 71 毫克）

糖醋雞肝

肝臟最適合補充鐵質。
加入番茄醬，可以降低苦味。

材料・分量（４人份）

事先處理過的雞肝(切成1口大小)　400克
醬油、酒　各4小匙
糯米粉　適量
沙拉油　4小匙
煮過的竹筍(切絲)　小2/3個
新鮮香菇(切片)　8朵
胡蘿蔔(切絲)　2/5根
煮過的豌豆片(切絲)　12片
中式湯　1杯
(A)
　番茄醬、砂糖、醋、醬油
　各2 2/3大匙
太白粉　2小匙
炸油

作　法

1. 用醬油、酒醃雞肝。去除水分，沾糯米粉，放入加熱到180度的油中炸到酥脆。
2. 鍋中熱油，炒豌豆片以外的蔬菜。炒軟後，淋上湯和　。稍微煮開，用太白粉水勾芡。
3. 雞肝盛盤，淋上2的醬汁，撒上豌豆片絲。

（1人份：熱量277大卡）

超級兒童

第8章 培養超級兒童的指導術

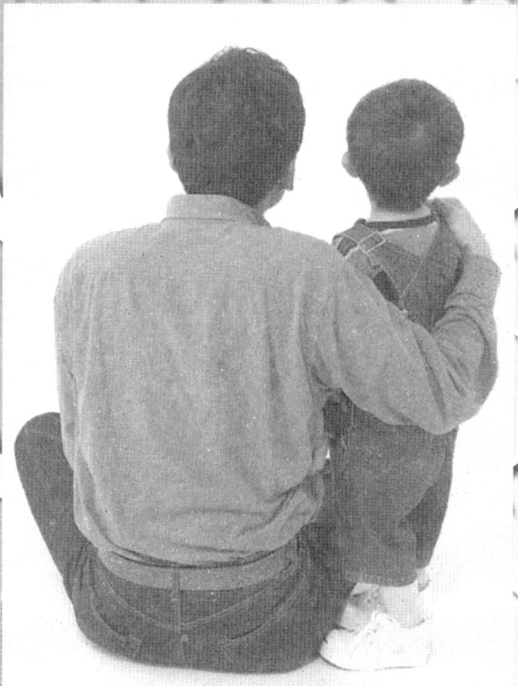

主編／
前順天堂大學教授
宮下桂治

培養超級兒童的指導術

要培養超級兒童，父母的資質是很重要。
學習正確的教法、正確的指導法，才能使孩子的才能開花結果！

檢視父母的特性平衡

父母的特性影響指導術

教導孩子是父母的責任。如果不能以生活面為中心，進行正確的指導，那就無法使孩子的才能開花結果。

因此，父母的指導術很重要。本章就來探討一下父母的指導術。

指導術與父母的特性有密切關係。這種特性也和父母的指導能力有關。

父母的特性約可分為四種形態，亦即「自由・放任」、「命令・指示・指導」、「干涉」、「服從」。

這些都是父母對子女採取的態度的特徵。能夠均衡兼具所有要素的父母，表示擁有優秀的指導資質。

萬一特性有所偏差，那又會變成何種情況呢？

特性偏差時會產生弊端

父母的特性多半會偏向二種要素的複合體。那麼，特性偏差會形成什麼樣的父母呢？下面就以較多見的四種形態為例來加以說明。

●孩子無法按照自己的意思發展時就會發怒的「頑固任性的父母」

特性偏重於「自由・放任」和「命令・指示・指導」，變成「頑固任性的父母」。平常禁止孩子擁有自己的興趣，但卻又放任不管，等到遇到不合己意的事情時，就會發怒。

●過度熱衷於教育子女的「狂育媽媽」

偏重於「命令・指示・指導」和「干涉」的父母，已經不再是教育媽媽，而是「狂育媽媽」。孩子做任何事情都會出手干涉，限制孩子有自主的想法和行動，剝奪其自由。

●離不開孩子的「溺愛者」

偏重於「干涉」和「服從」的父母，變成離不開孩子的「溺愛者」。經常干涉孩子，但卻又完全接受孩子的要求。通常這類型的孩子比較任性，而且等到孩子成年後，雙方都無法自立。

●對孩子的教育漠不關心的「邋遢父母」

偏重於「自由・放任」和「服從」的父母，對孩子的教育漠不關心，是屬於「邋遢父母」。這一類型的父母最無法讓孩子感受到父母的情愛。放任孩子不管，只滿足孩子金錢上的需求，在這種情況下長大的孩子，就會感到情愛不足。

這四種都是不好的父母形態，為避免這種情況發生，必須要均衡包含所有的特性。

雖說「均衡」，可是實際執行卻非常困難。不但要保持耐力與情愛，同時還必須在育兒之前讓自己努力成長。

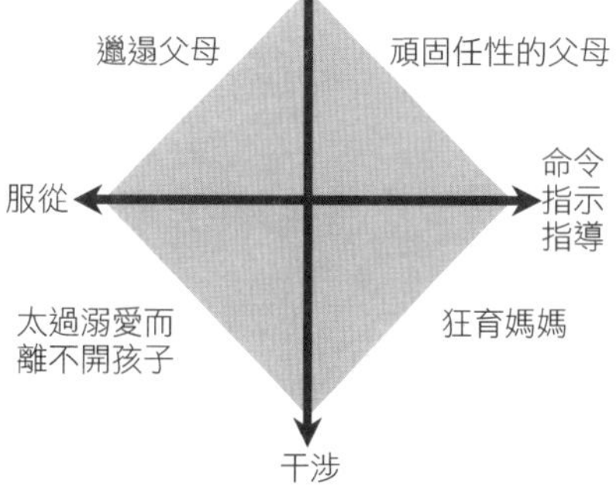

★要均衡包含所有的特性★

成為好教練的五種方法

教練所需要的五大要素

身為教練，不但要磨練自己的特性，同時也要實踐教練的行動。首先，就是要學會教導孩子事物的五種方法。

教練所需要的要素，包括以下五點：

①榜樣（親自示範）
②語言
③接觸
④稱讚
⑤認同

也許你會覺得這五種方法很難，但事實不然，在此逐一介紹。

①榜樣（親自示範）

所謂榜樣，就是在教導孩子某件事情時，要先親自示範給孩子看。孩子會模仿父母日常生活中的各種簡單動作，同樣的，在指導特定的運動時，父母要先做示範，讓孩子知道如何展現行動。光說不練很難懂，但只要親自示範，孩子就很容易了解了。

②語言

繼親自示範之後，語言也很重要。當孩子依照示範展現行動時，可以適時的給予簡單的建議。當然語氣要溫和，措辭也要簡單明瞭，讓孩子只要看示範動作就能立刻了解。

③接觸

在孩子做動作時，要配合語言接觸孩子。實際的身體接觸，可以矯正錯誤的動作，同時也能讓孩子加深對該動作的理解。總之，適當的接觸，能使孩子的心理更為穩定，也更能隨心所欲的展現行動。

④稱讚

孩子完成正確的動作時，一定要給予稱讚。被稱讚的孩子會對自己的行動充滿自信，這樣就能表現得更好，進而使其技巧純熟。至於針對改善的一些建議，則最好在稱讚後再予以指正。

⑤認同

在稱讚的同時也要一併給予認同。即使動作還沒有做得很好，也應該肯定他在這個階段已經達到理想的標準。只要給予認同，孩子就會對自己的行動充滿自信。最重要的，就是要建立孩子的自信，至於正確技術的學習，則是以後的問題。

配合孩子的能力進行訓練

二歲與三歲孩子的判斷能力不同

看似理所當然，但是，孩子依年齡的不同，能夠進行運動的程度也不同。年齡愈低，能夠進行的運動愈有限。父母要了解其運動能力，在可以做到的範圍內讓他進行運動。

能夠清楚區分孩子運動程度的最初階段，應該是在二歲與三歲之間，這是因為孩子判斷能力不同的緣故。

二歲的孩子無法巧妙判斷父母所說的話，因此，很難按照父母的指示展現行動。到了三歲時，因為已經具有語言判斷能力，所以，就能按照父母的指示行動，而此時父母訓練方式的範圍也就更大了。

即使將動作限定在孩子可以辦到的範圍內，但是，最好還是讓孩子意識到其他更高水準的運動。例如，讓他看一些比較高難度的動作，促使孩子自主的努力，這點非常重要。

由斷斷續續的運動變成持續的運動

在判斷能力發達的三歲，孩子只能斷斷續續的運動，要等到三歲以後才能連續進行各種運動。

其理由就在於腦與神經發達程度的不同。

如果腦與神經不是充分發育，那麼，就無法進行複雜的運動。藉著腦的發達增加理解力，則腦給予身體的指示就會更為高度化。

換言之，如果神經系統充

分發達，則腦的命令就能充分傳遞到身體各處，使其能按照自己的意志活動身體，這樣孩子就能持續進行各種動作。

在孩子二歲時，父母先教導他個別的動作，等到三歲時再教他連續動作。

以踢足球為例，二歲時可以分別教導他「跑」、「踢球」等各種動作，到了三歲時，再教他「一邊跑一邊踢球」的複合動作。

在教導動作時，不要一次教太多動作。若一個動作尚未真正完成就加入新的要素，將會讓孩子產生混亂。最好在一個動作已經熟悉到某種程度以後，再教下一個動作，這樣才能使孩子較早學會。

讓孩子做翻滾動作

這點在其他的項目中也有提及。較早讓孩子學習翻滾運動，能夠提高其運動能力。

讓較小的孩子自己翻滾或吊單桿，比較勉強，這時，父母可以從旁輔助，漸漸的，孩子不需要父母的協助，也能自己做翻滾動作。

以前滾翻為例，孩子自己會想做翻滾動作，因此，父母只需從旁輔助即可。讓孩子體驗到翻滾所需的力量與部位，等到動作熟練到某種程度後，再慢慢的示範前滾翻的動作，直到孩子能自己完成前滾翻的動作為止。

必須配合孩子的程度，循序漸進的幫助孩子提高技巧，這樣孩子就能順利的學會翻滾動作。

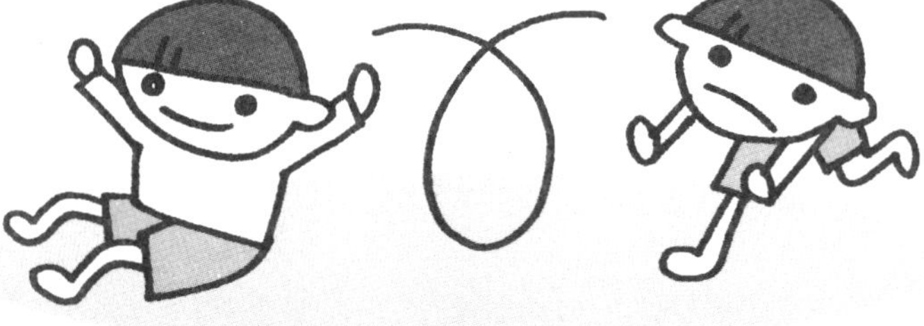

教練不可以做的事情

不可以下命令！

身為教練，最糟糕的就是下達命令。即使是要教導孩子事物，但是「去做那個！」與「可以試著做做看」，兩者給人的感覺截然不同。

對孩子而言，感覺好像威脅的話語，看似有效，但這是不當的做法。的確，孩子可能很快就達成你的要求，但後來多半無法進步。後者的做法較能給予孩子積極性，並提高使其技巧成熟的可能性。

在教導所需的五個方法之中，要特別注意「說話」的方法。例如，在使用同樣的語彙教導孩子時，不同的語氣會產生不同的效果。當然也有可能因為孩子性格的關係，有時使用命令的語氣會較有效，但這畢竟是罕見的例子。通常都要藉著溫言軟語，才能夠伸展孩子的能力。

但是，也不必過於溫柔。一味的輕聲細語或過度稱讚，反而會讓孩子容易感到滿足。因此，必須要適度的稱讚並且給予建議，讓他知道現階段並不是最高的水準。對指導者而言，也許這是很難辦到的，但卻是最好的方法。

不可過度指摘缺點

不可過度指摘孩子行為的缺點。有追求完美主義傾向的

人，幾乎都會說：「你應該可以做得更好。」或「不應該是這樣的。」但身為指導者，一定要改掉這種想法，以大而化之的心情來對待孩子。

既然是孩子，一開始當然做不好，不過，只要「父母擁有豁達的心胸，就能以溫柔的話語對待孩子」。

有關遣詞用句的問題，像是「這個部分要這樣做！」或「這裡全部做錯！」等嚴厲的語調並不好。如果告訴孩子「這裡這樣做會比較好喔！」「這裡已經做得很好了，接著要注意這個地方。」這樣，就能使孩子展現活動的意願。嚴厲的遣責，會使孩子委縮，缺乏自信。相反的，溫柔的對待孩子，就能使其擁有自信，充分展現行動。

在溫柔教導與稱讚之後，再適時的加入建議，例如「不過，若能這麼做的話會更好」、「下次試著這樣做做看」，就能使孩子在擁有自信的情況下了解自己的缺點，進而向新的事物挑戰。

不要讓兄弟倆一起做或一併指導

此外，就是要盡量避免讓兄弟一起做同樣的動作。

不論是學習課業或運動，都是如此。當兄弟一起做同樣的事情並產生優劣之分時，則做不好的那一方，就會感到沮喪。

例如姐姐成績名列前茅，但弟弟卻吊車尾，或是哥哥是全能運動員，而妹妹卻是運動白痴，不能同時進行這樣的比較。

當兄弟做同樣的事情時，不要個別指導，等到擁有同樣的水準時，再讓他們一起展現行動，這樣就能使其各自伸展能力。

讓孩子自己思考

以購物為首要訓練

進行訓練時，必須要讓受訓者能充分運用自我思考的能力。但是，有些父母卻認為：「只要他把教導的事情再想一次，並且展現在行動上就可以了。」這是比較勉強的做法。

首先，一定要培養孩子的思考能力。

要培養孩子的思考能力，最簡單的訓練就是購物。尤其是要採購孩子的東西時，一定要帶他同行。

然而，在購物時如果只是讓孩子「選擇自己喜歡的東西」，那又過度逾越孩子思考能力的範圍了。必須在讓孩子做選擇前，先挑選出他可以選擇的項目。

例如，為了購買孩子的內褲而到內衣褲賣場時，如果直接對孩子說：「挑選你自己喜歡的內褲。」則他可能會去選大人穿的內褲，所以，要先帶他到兒童內衣褲專賣區，然後對他說：「你可以從中挑選自己喜歡的內褲。」也就是說，父母先為他做初步的選擇，之後孩子就容易做決定了。

另一個注意點是，孩子在選擇時若花太多時間，父母也不要太焦躁，否則會影響到孩子，阻礙他的思考。為了避免孩子過度接觸而弄髒商品，要讓他了解到商品的陳列不可混亂，並耐心的等孩子做決定。

最初可能會花很多時間，但孩子慢慢的就學會選擇的技巧，縮短思考時間。

讓孩子思考該如何遣詞用句

提到選擇的方法，在完成以購物訓練進行思考的階段之後，就要讓孩子自行思考遣詞用句的方法。

例如「要把東西給別人」時，將東西給人的己方稱為「授方」，而接受他人東西的對方則稱為「受方」。雖然孩子還無法了解兩者的不同，但當孩子將東西交給父母時，要讓孩子說出對於「受方」的禮貌話語。最初可以指導他說：「把東西給媽媽時，可以說「媽媽」，這個給你。」之後就要給予他思考的機會。也許孩子一開始無法說出正確的詞彙，但是，只要給他一些暗示以幫助他思考即可。

藉由這樣的訓練，可以使孩子較早學會遣詞用句，提高思考能力。

讓孩子思考行動的問題

孩子三歲以後，可以讓他開始思考行動的問題。

以接球為例來說明。首先將球丟給孩子，在決定好目標後，讓孩子朝目標扔球。

一開始孩子當然扔不中，但可以針對扔球提出建議。首先，教孩子用力投球的方法，然後再教他放鬆力量、柔軟投球的方法，讓孩子學會二種不同的投球方法之後，再讓他思考到底哪種投球方式才能讓球更接近目標。反覆進行二種投球方法之後，孩子就會自己選擇較容易投中目標、適度放鬆力量的投球法。

孩子一旦學會思考，就會自己下工夫思考，這樣父母的訓練就能發揮更好的效果。換言之，孩子若能透過父母的指導而進行思考、選擇，那麼孩子的能力就會無限延伸。

只有父母才能做的事情

只有父母才能給予的東西

以下要探討父母身為教練的意義。

若要讓孩子學會特定的運動，所需要的，就是如何有效的提升技術與水準。因此，父母不必教導孩子，只要將孩子交給有愛心的社團或教練就可以了。然而，有些東西是無法透過社團或教練得到的，那就是「情愛」與「溫暖」。

的確，學習優秀的技術需要優秀的教練，而在「優秀的教練」中，當然也包括了心靈部分的支援。不過，幼兒階段需要的不是心靈支援的階段，而是父母的情愛。

將一切都委任給教練的做法，較適合小學以上的孩子。因此，即使要讓幼小的孩子到運動社團去，父母也要陪伴在旁加以守護。

促進孩子自立

一旦將情愛灌注到孩子身上時，其中只有父母能夠做的事，那就是促使孩子自立。

孩子從三歲開始，就會離開父母的身邊和朋友一起玩。這時的孩子，能從遊戲中學習社會性，並採取團體行動。相反的，在這個時期無法離開父母的孩子，則將來也很難展現社會行動。因此，在此時期促進孩子自立，是父母重要的責任。

所謂自立，不單是指孩子在離開父母時能展現行動，在公園，孩子能離開父母而與朋友一起玩固然很好，但是，在最初階段，父母仍需監督遊玩中的孩子，之後再慢慢給予孩子能夠離開父母、獨立展現行動的機會，藉此培養孩子的自立心，展現自主的行動。這看似理所當然，但很多人卻沒有經過這樣的過程而成長。

換言之，即使父母不在孩子的身邊，也要幫助孩子培養自立心。

經常讓孩子擁有目標

有目標就會努力

最後的重點，就是要讓孩子擁有目標。不論是身為教練的父母或接受教練的孩子，擁有目標都能得到很好的效果。

例如，才藝教室或運動社團，都會精心設定配合孩子程度的級數或段數，讓孩子在各階段朝目標努力前進。這是非常有效的方法。

孩子為了達成自己的目標而努力，等到達成目標後就會產生一種滿足感。而一旦得到滿足感之後，又會朝下一個目標繼續努力邁進。

為了孩子的進步要設定目標

為了孩子著想，父母可以依序設定目標。

以跑步為例，「今天要在十五秒鐘內跑完十公尺，下一次就要向十四秒挑戰喔！」設定一個不需要勉強就能達成的目標，孩子會不斷的進步。

此外，像扔球或踢球等，讓孩子先學會從近距離到達目標，然後再慢慢的拉長目標距離。

不論是哪一種運動訓練，設定訓練目標非常重要。再加上孩子的思考能力，就能使其意識目的更為明確，同時也能得到更高水準的練習。

父母也要擁有教練目標

每個人都會因為擁有目標而改變，這對於大人而言也是如此。

孩子運動時，可以為其設定各種目標。例如，希望孩子健康、希望孩子透過運動結交朋友、希望他將來成為超級運動員等。不論目標為何，都必須尊重孩子的意見，讓他願意抱持目標進行訓練。

擁有目標的孩子，必然進步較快。同樣的，擁有目標的父母，成長也較快。請努力設定目標，成為好教練吧！

不會表現自己情感的孩子

突然陷入恐慌症狀時的情緒如何？

最近的孩子有「突然變得興奮或易怒」的傾向，這到底是怎麼回事呢？

現在的兒童承受父母無法想像的壓力。平常無法紓解壓力的孩子，可能會因為某個事件而變成「暴力一族」。

孩子所壓抑的情緒一旦爆發，就會變成「暴力一族」。但這並不是突然生氣或做出粗魯的行為，而可能只是暫時放聲大哭或變得不愛說話，亦即是一種情緒的發洩。

這時的孩子，其情緒到底如何？

大部分的孩子都無法說明自己「情緒不穩定」的現象，因為他們根本不了解自己的情緒。孩子不了解平常自己承受的壓力對自己到底造成何種影響，因此，也不了解自己的情緒到底產生了何種變化，結果導致「情緒起伏不定」。為什麼會這樣呢？

重新評估情操教育的重要性

其理由就在於「缺乏情感表現」、「缺乏能表現的詞彙」。

現在的孩子對於遊戲的選擇雖然非常多，但是卻缺乏在大自然中遊玩以接受外界的刺激、享受感動的戲劇性情緒起伏的經驗。的確，看電視、打電玩時會覺得「快樂」，但受傷跌倒時的「疼痛」、和朋友們產生摩擦時的「生氣」、飼養的寵物死掉時的「悲傷」、看到動物屍體等而對死亡感到的「恐懼」或「虛無感」、和朋友一起建立秘密城堡的「成就感」或「喜悅」等經驗卻非常的不足。

對於沒有經驗過的事情當然很難理解，因而造成現代兒童「情緒不穩定」的結果。

最近很多學校紛紛設立情操教育看板，就是基於現代兒童情操教育不足的考量。能夠有效給予情操教育的時期，就是幼年期。千萬不要認為我的孩子「沒問題」，而應該要儘早讓他擁有各種人生經驗。

第9章 兒童訓練（小學低年級篇）

兒童訓練（小學低年級篇）

對於迎向身體的成長和機能發育完成階段的六歲以後的孩子，可以讓他們試一些較大膽的運動。
讓在幼兒期所鍛鍊的體能在這個階段更為發達！
創造出一個超級兒童吧！

肌肉、骨骼壯碩，能夠展現更大行動力的小學低年級

與幼兒相比，六、七歲孩子的肌肉與骨骼的發育已經接近完成期，因此，可以展現較大膽的行動，並完成以往無法完成的運動。

例如，同樣是跳躍動作，學齡前的兒童與小學生就有很大的差距。幼兒只能藉著受到限制的肌肉與骨骼以連續動作進行跳躍，但是，六、七歲的孩子其身體能夠使用的部分大幅增加，提高了連動性，結果在跳躍的高度、距離與姿勢上都有明顯的進步。

因為腦與身體各器官的連絡網發達，所以，孩子能按照自己的想法展現行動。再加上巧妙的傳遞命令，自然就能使行動變得更為順暢。

以翻滾運動為主，讓孩子進行大動作的運動

對於體能提升、可以進行各種運動的孩子而言，一定要讓他們進行能夠充分發揮體能的大膽運動。例如跳箱運動，必須突然停下來跳躍，並利用手臂的力量使身體往前跳，這就是非常大膽的大動作。

再如，翻滾運動以及吊單桿或墊上運動等必須上下移動頭部位置的運動，都是能夠培養平衡感的運動。其中還有一個特點，就是動作本身較大。

學校會教兒童「跳箱」、「吊單桿」、「墊上運動」，但多屬於一貫性的指導。事實上，這些運動應該配合各人的體能毫不勉強的進行訓練。

本章以「跳箱」、「吊單桿」、「墊上運動」為主，為各位介紹有效的訓練。從難度較低的階段開始，循序漸進加以訓練。

跳箱

跳上跳下

面前橫陳三、四層的跳箱，以手不碰觸跳箱的姿勢直接跳上跳箱。可以利用踏台跳上跳箱，然後再從跳箱上往前躍下。

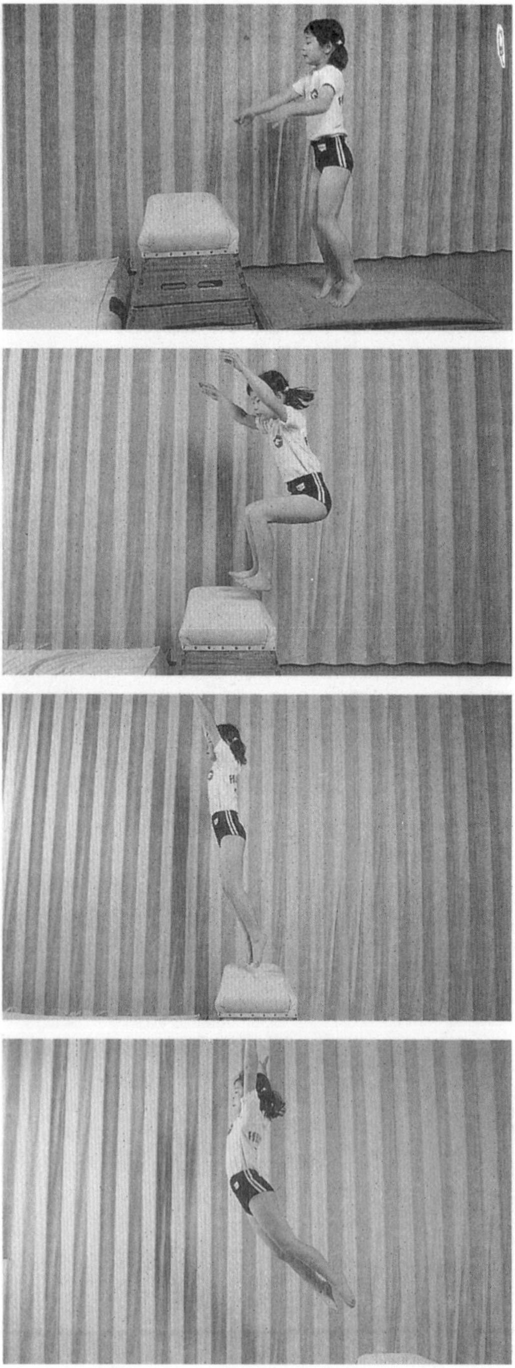

加上手的動作跳上跳下

手扶住跳箱，躍上跳箱，整個身體往上伸展，很有節奏的跳下跳箱。

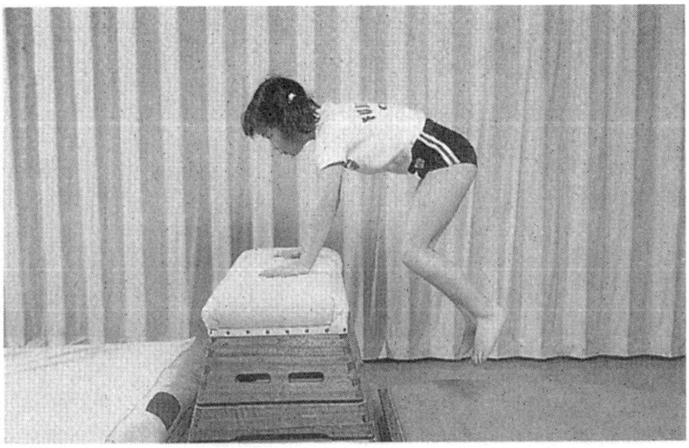

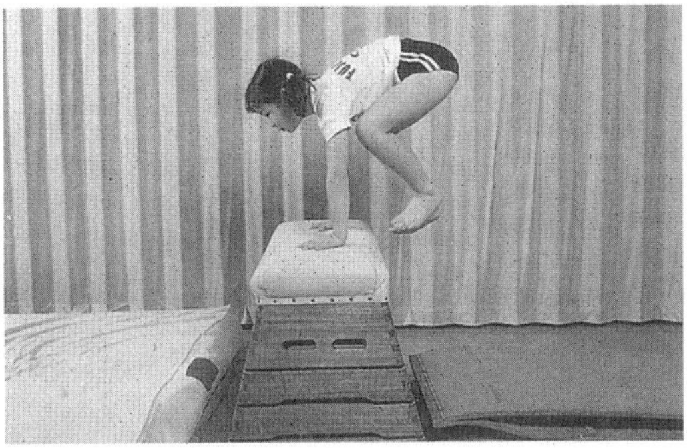

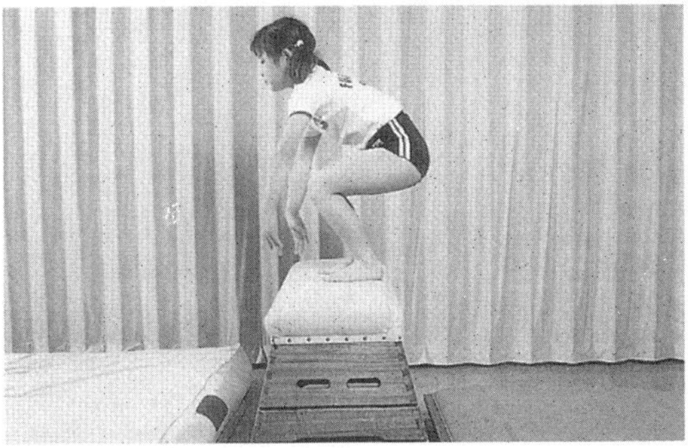

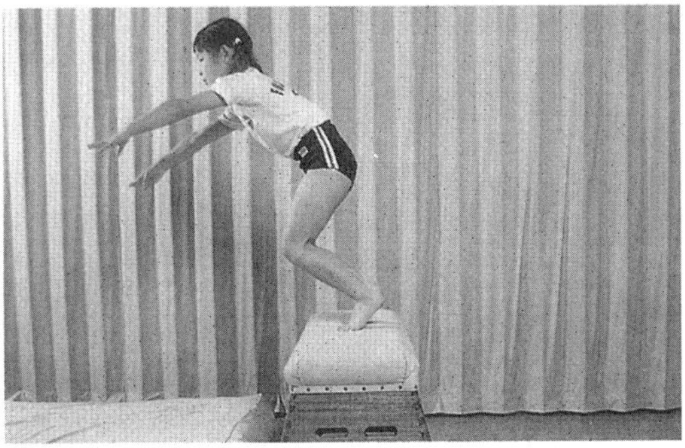

台上前滾翻

利用正規的縱向擺法放置跳箱，將手扶在跳箱上，按照前滾翻的要領滾到跳箱上，然後從相反側落下。

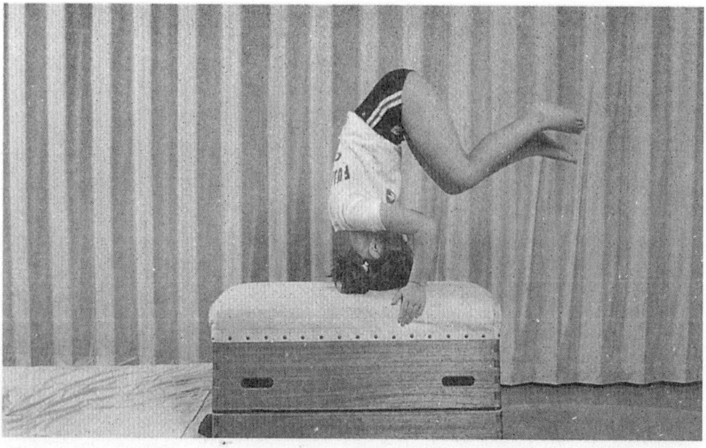

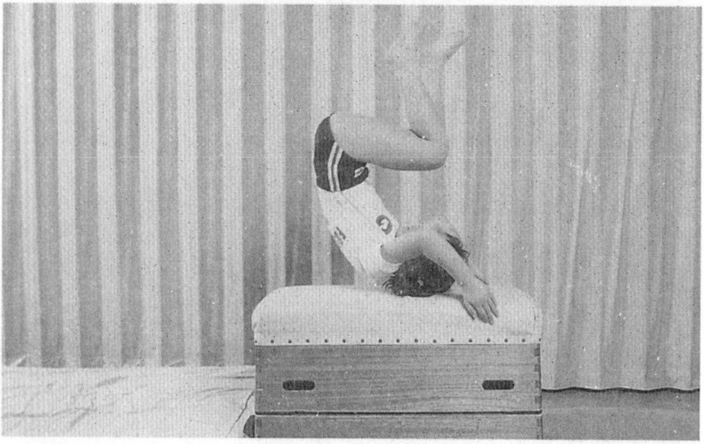

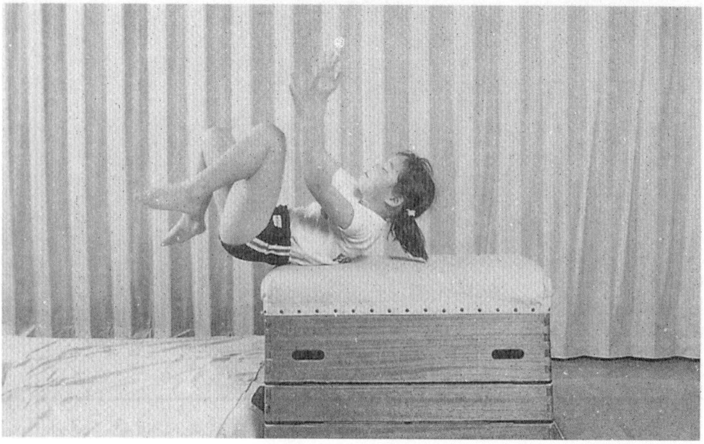

側跳

手直向扶著跳箱，感覺好像是躍過跳箱側面似的跳過。著地時，身體朝跳箱側較為理想。

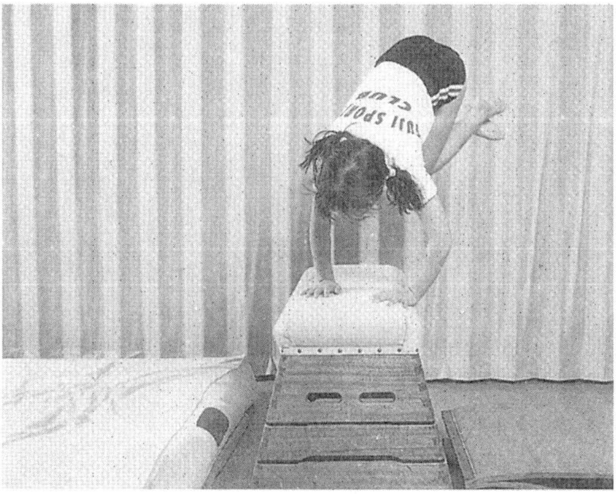

開腳跳

簡言之，就是普通的跳躍方式。雙手扶著跳箱，用力跳過。在開腳跳時，無法躍過跳箱的孩子，只要經由前面的訓練，就能順利的完成動作。與其在乎是否能跳過跳箱，還不如注意兩腳是否能夠打開。

雙腳併攏跳

接著練習難度較高的雙腳併攏跳。雙手扶著跳箱，短暫停下，好像是要讓併攏的雙腳穿過雙手似的跳過跳箱。這個動作要先從較低的跳箱開始練習。

吊單桿

懸垂雙腳前翻

在幼兒篇曾提到懸垂雙腳前翻的動作。與此方法相同，只是改以吊桿為軸。此外，並非單純的翻滾，而是以雙腳通過雙手之間來進行翻滾的動作。除了必須順利完成動作之外，還要力求姿勢的完美。

前滾翻落下

這是普通的前滾翻。利用雙手將身體往上提，以單桿為軸身體往前，雙腳併攏做出漂亮的翻滾姿勢。

後滾翻

與前滾翻方向相反的翻滾動作。將用力往上踢的雙腳帶到前方，並順著這股力量翻滾後著地。同樣的，雙腳要併攏，做出漂亮的姿勢。

空中後滾翻

不要由地面往上踢，而是以雙腳懸空的狀態做後滾翻的動作。雙腳盡量朝後方擺盪，再利用反彈力翻滾。

滑翔

雙手、雙腳停擺在單桿上，鬆開雙腳後朝後滾翻，然後再順勢飛向前方。

這個動作最初要由父母從旁輔助。

墊上運動

前滾翻

就是普通的前滾翻。從蹲下的姿勢開始，頭碰到墊子後身體往前倒並翻滾。與其快速翻滾，還不如讓孩子學會雙腳併攏，慢慢做出漂亮的翻滾動作。

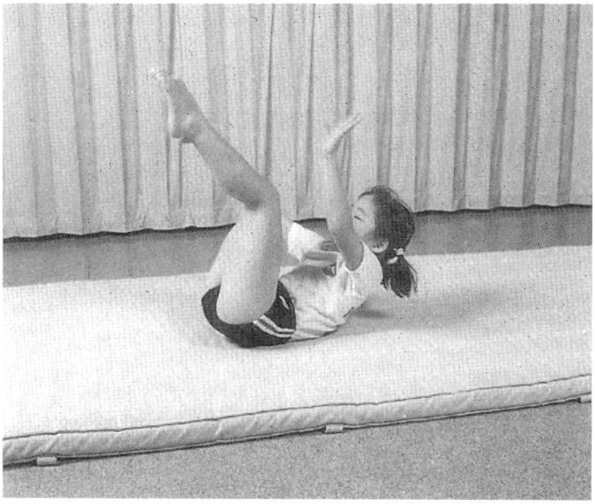

後滾翻

從蹲下的姿勢往後倒翻滾一次。尤其是當頭碰到墊子、身體呈倒立狀態時，雙腳一定要併攏。

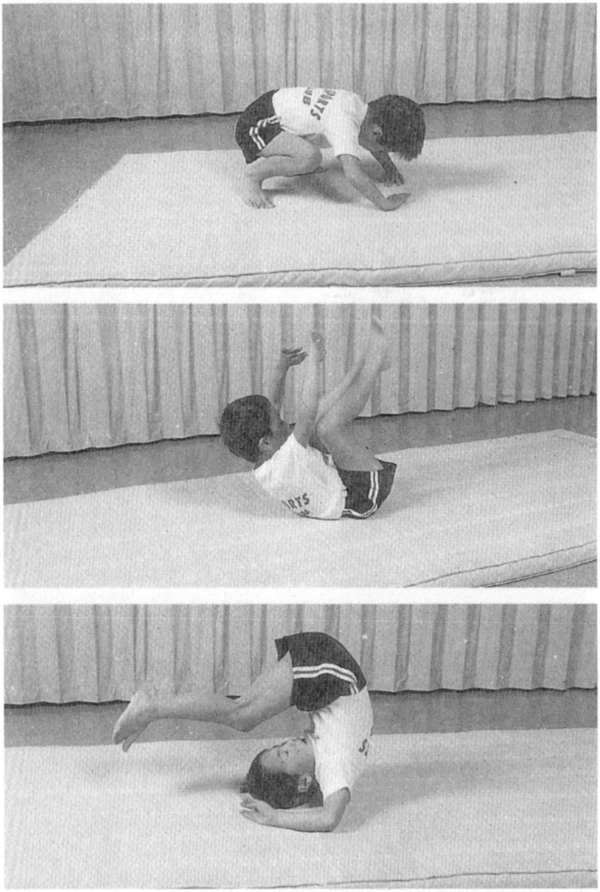

橋

利用雙手雙腳讓身體從仰躺的狀態抬起來並往後翻轉。最初以頭碰到墊子的方式來進行，等到能夠完成動作後，只用手腳支撐身體來進行這個動作。

側滾翻

伸直雙臂站立的狀態下，雙手從側面碰到墊子，身體朝側面翻滾。在翻滾著地後。要回到正確的站立姿勢。

倒立前滾翻

從站立的狀態下，雙手碰到墊子後倒立。靜止於倒立的狀態下，之後讓身體垂直落下同時前滾翻，最後站立起來。

富士運動社　運動檢定

這是富士運動社供小學生使用的檢定標準。與幼兒篇同樣的，可以視為確認兒童運動能力的標準。

10級

墊上運動

靠壁3點倒立

跳箱

跳上＋跳下（用手支撐）

單桿

正面支撐→朝後上方擺盪2次→後方落下

9級

墊上運動

前滾翻＋前滾翻＋跳躍

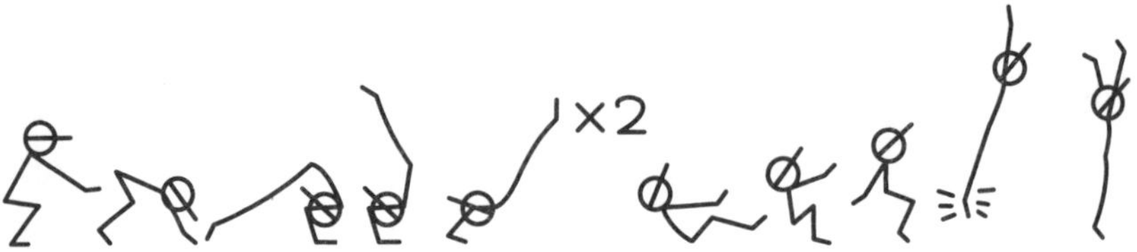

跳箱

跳上＋跳下（用手支撐）

單桿

以單腳腳底支撐，從單桿下盪出後落下

8級

墊上運動

靠壁倒立3次

跳箱

朝下轉向跳躍（側跳躍）

單桿

擺盪5次

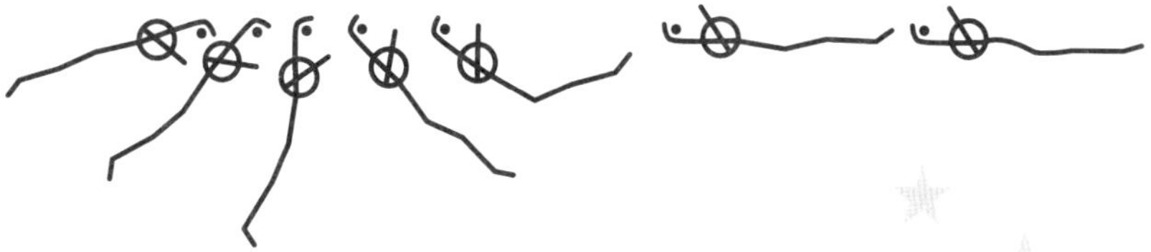

7級

墊上運動

側滾翻＋1/4轉向後滾翻＋由躺下姿勢做橋型

跳箱

台上前滾翻

單桿

後滾翻＋正面支撐＋後方跳下

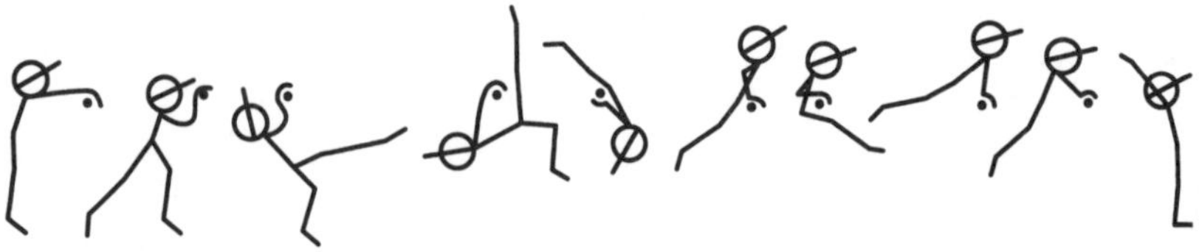

6級

墊上運動

側滾翻→側滾翻1/4→倒立前滾翻＋前後開腳坐（左右）

跳箱

開腳跳（側面85公分）

單桿

單膝上抬＋後滾翻＋雙腳腳底支撐，從單桿下盪出後落下

5級

墊上運動

前方側滾翻→倒立前滾翻＋前滾翻→跳躍1次轉身＋後滾翻伸膝

跳箱

雙腳併攏跳（側面85公分）

單桿

單膝上抬（一舉）＋前滾翻＋雙腳腳底立刻支撐，從單桿下盪出後落下

4級

從台上朝前方倒立翻滾跳下

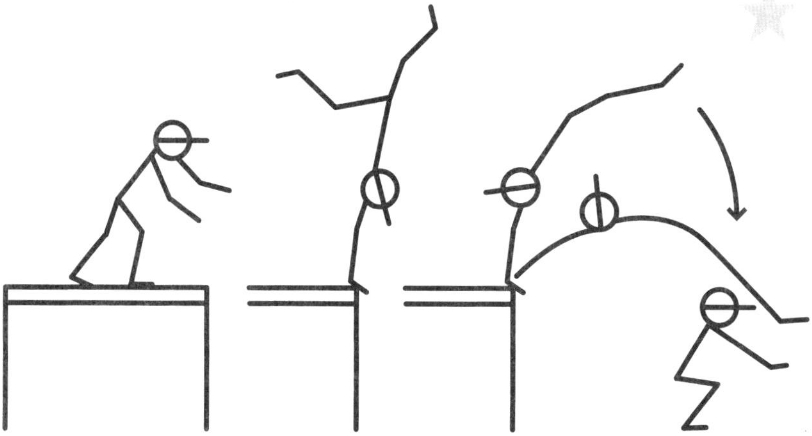

3級

跳起前手翻

（利用墊子翻滾）

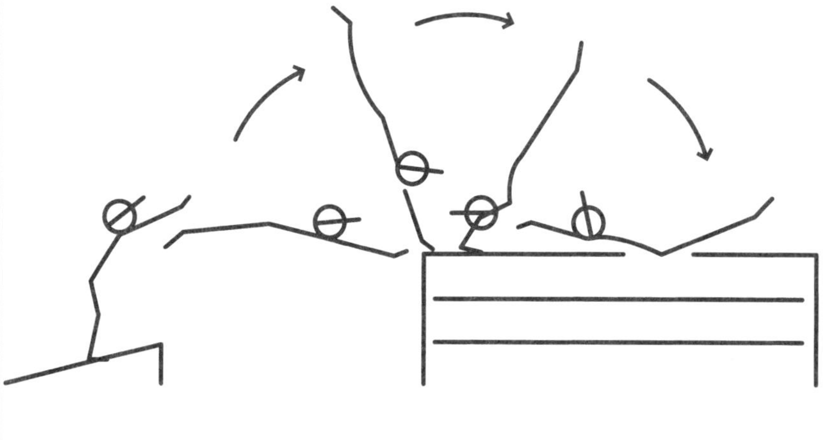

2級

前滾翻跳躍背部著地

（橫陳5層跳箱，85公分左右）

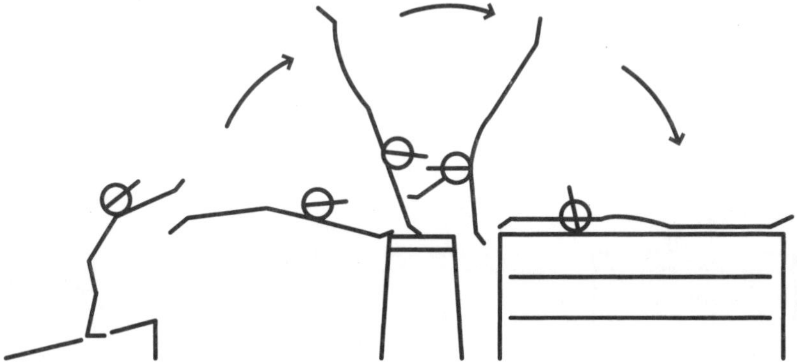

1級

前滾翻跳下

（男孩用縱跳箱、女子用橫跳箱6層95公分左右）

富士運動社小學生以上運動檢定的年齡與級數對照表

10、9級	7歲
8級	8歲
7、6級	9歲
5級	10歲
3、4級	11歲
1、2級	12歲

第10章 培養第二代運動員的方法

排球
高橋雅

★「讓他自己隨心所欲享受快樂!」★

★小學一年級開始打排球

高橋選手從小學一年級開始打排球，最初是參加由父親擔任教練的隊伍。

因為很早就跟著父親練習排球，所以，能夠自然的融入團隊中。

「我很喜歡排球，對我而言，練習是很快樂的事情，所以就算父親非常嚴格，我也不以為苦。」

高橋的父母都曾經在排球場上大放異彩。高橋說：「我不知道父母過去的情況。」事實上，她的母親是相當活躍的實業團體選手，而父親也曾締造佳績。通常是由父親負責實際指導，母親只是偶爾給予建議，的確是個『排球家族』。

高橋能夠成為排球選手，就是小學奠定的基礎。

「小學時期，父母讓我扔球以鍛鍊肩膀的力量，並且進行柔軟運動，為我創造一個適合打排球且具有基礎的身體，直到現在都讓我受益無窮。」

擁有強壯肩膀及柔軟性身體的高橋，在小學及中學時代都發揮實力，並在就讀中學二年級時參加全國大賽，第一次擁有到大舞台的比賽經驗。

「在參加全國大賽時並不會特別緊張，因為對於『優勝』並沒有特別的執著。」

上了中學後，高橋選手下工夫練習。小學建立的基礎讓她擁有自信，所以，父親並不會特別訓練她，只是在比賽後會給予一些建議。擔任教練的父親在她就讀的高中社團活動中登場，並和顧問老師一起進

★簡　介

高橋　雅

1978年12月25日出生　22歲

山形縣山形市人

畢業於山形高商，目前隸屬於NEC RED ROCKETS球隊。從高中時期就參加全國大賽，現在活躍於V聯賽中。去年獲選為全日本代表選手。

行教導指導。

「高中時，父親前來參與社團活動，但是，並沒有看我練習，只是與顧問老師一起看著其他同伴。不過，我還是感覺父親好像隨時就在我身邊似的。」

雖然沒有特別指導孩子，但卻經常守護在女兒的身邊。高橋因為有這樣的父親，所以才能夠締造佳績。

看到大懸選手的努力後，決心加入職業選手的行列

「事實上，在高中畢業之後，我就決定不打排球了。」

回顧當時自己想法的高橋選手，在學生時代締造了許多佳績。或許是因為對打排球已經擁有滿足感，因此即使面對許多教練的網羅，也沒有改變她的決定。那麼，現在活躍於**RED ROCKETS**的高橋選手，又是如何改變自己的想法呢？

「電視上的排球比賽讓我改變了心意。看到大懸選手賣力的演出，萌生『我也想要試試看！』的念頭。」

大懸選手的身高和高橋選手一樣，都是一七〇公分。對於排球選手而言，的確過於嬌小。但現在大懸選手與高橋選手都成了**RED ROCKETS**的重要支柱，已經超越了身高的障礙，具備成為全日本冠軍選手

的實力。

在眾多的隊伍中之所以選擇RED ROCKETS，是因為身材矮小但卻能擔任全日本隊隊長的佐藤伊知子選手曾經隸屬於這個隊伍，而且大懸選手也在此隊，所以才決定加入。

在身為職業選手後，即使同樣是打排球，但技術與目的卻有所差距。

「首先感覺不同的是練習量。學生時代只在下課後的有限時間內練習，但成為職業選手後，一整天都要練習，練習量相當驚人。

成為職業選手後，一定要擁有好的成果，而且在隊伍中要以『必定要成為日本第一』的意識來進行練習與比賽。能夠成為優秀的選手，就能成為全日本的選手。然後再以成為『世界級的選手』為目標。由這個意義來看，與學生時代的世界完全不同。」

高橋選手最厲害之處，就是她不會將這些視為壓力，而是抱持積極努力的態度。她在成為職業選手的第一年因為受傷而哭泣，第二年無法成為正式球員，到了第三年才終於成為正式球員，並以守左邊鋒的位置再度帶領大家獲得全勝，在當時得到新人獎。高橋選手的實力總算獲得認同。

去年更獲選為日本國手，並在遠征海外時，獲選為MVP，表現相當活躍。

「外國選手的體格，比日本人高大許多。雖然日本選手中也不乏身材高大的人，但外國選手不光是高，體格也非常好，尤其在與號稱世界第一的

俄羅斯隊伍比賽時，真讓人無力招架。只要有三個身材壯碩的人同時封網，那麼想要脫離其防守簡直是比登天還難。」

不過，即使在遠征俄羅斯時面對如此『高大的球隊』，卻依然獲勝，這足以建立日後的自信。

「其實，較難應付的並非俄羅斯等體型高大的隊伍，而是像韓國等藉著速度快攻的隊伍。」

雖然去年沒有參加奧運深感遺憾，但是，高橋的確慢慢的成為能夠參加世界級比賽的好手。

「今後的課題是接高球與脫離對方的封網」

今年是高橋成為職業選手的第四年。已開始提攜晚輩的她，在隊伍中的角色已經從新人變成中堅份子。由於在球隊中的地位改變，因此，必須要負的責任也增加了，而對於自己必須要完成的課題，也會嚴格加以要求。

「現在的課題，就是要好好的接球，確實攔截對方的發球及正確脫離對方的封網。」

為達成課題，一定要設定目標。那麼，現在高橋選手的目標為何呢？

「當然是在V聯賽中獲勝囉！」

接受採訪當時，是在V聯賽開始的前幾天，亦即正值練習量減少的調整階段。面對重要的聯賽，仍能保持自我，這就是高橋選手的人格，也可說是來自從小培養的技術所產生

的自信。

「加入RED ROCKETS之後，與大家一起生活。即使一年只回家一次，但每次比賽結束後，父親都會打電話來加以指正缺失。」

直到現在，父親還是非常在意女兒的表現。高橋家的確是排球家族。

最後，高橋選手有幾句話要送給將來想成為職業選手的孩子們。

「一定要快樂的打排球，即使是嚴格的練習，即使無法進展得很順利，也都應該按照自己的想法，隨心所欲的享受打排球之樂。」

這些話不只針對打排球的孩子們，對於指導孩子的大人或父母也非常適用。『如果不快樂，就無法持續下去』、『如果不快樂，就無法進展得很順利』。親子雙方都要牢記這番話。

冰上曲棍球
山本　祐

「父親成為自己的支柱」

從小學二年級開始就自己打冰上曲棍球！

山本選手自小學二年級開始就打冰上曲棍球。父親也曾是個中好手，不過，在山本選手出生前就已經退休，轉而擔任社團教練。受到父親的影響而經常觀看曲棍球賽的山本選手，是自己決定要打冰上曲棍球。

「父母從來沒有要求我：『你去打冰上曲棍球吧！』而是我自己感興趣，因此在小學二年級時加入由父親擔任教練的社團『克雷因茲少年隊』。小學三年級時，開始正式加入校隊。」

但是，山本選手並沒有直接受到擔任社團教練的父親的指導，父親只是看著山本練習或比賽。除了給予建議之外，只有在心靈方面予以鼓勵。

然而天生的素質與練習，再加上父親的建議，山本選手不斷的發揮實力，終於在小學四年級時首次參加比賽。

「隨著校隊參加釧路市內的大賽。因為是頭一次比賽，所以印象深刻。最初得分時的感動至今難以忘懷。」

由於頭一次得分，因此，展開山本選手成為冰上曲棍球選手的活躍歷史。

★簡　介

山本　祐

1977年7月3日出生　23歲

北海道釧路市人

畢業於釧路江南高中、明治大學，隸屬於日本造紙克雷因茲球隊。學生時代就有幾次參加全國大賽的經驗，曾得過冠軍與亞軍。也參加過國際大賽，是屬於華麗演出型的實力派。

成為日本相當活躍的青少年組頂尖好手

在小學時期活躍的山本選手，後來不斷的累積實力，在釧路市立鳥取中學就讀的三年內，奪得日本第一。在釧路江南高中的三年內，獲得亞軍。就讀明治大學時則擔任主將。於四年內得到第一名至第三名的成績。換言之，在中學、高中、大學的十年內，持續君臨於日本排名前幾名的球隊前。

就讀高二時，參加『亞太平洋青少年冠軍賽』。高三與大一時，參加『世界青年冠軍賽』，同時在大一又參加了『環太平洋盃』，並分別於大一與大三時成為國際大學生運動會的日本代表，在國際舞台上大放異彩。

能夠參加冰上曲棍球比賽的只有五名選手。像這樣比較嚴格的運動，參賽選手會一直替換。不過，正式的球員，亦即是『一軍』（職業選手），則是早已經決定好的。

山本選手在十年的學生生涯中，雖然要面對激烈的正式球員競爭，但卻從未失去正式球員的資格。不光是如此，只要是挑選日本代表選手，他一定會獲選。也就是說，從青少年時代開始，就已經是日本頂尖的冰上曲棍球球員了。

十年來都身為一流的運動

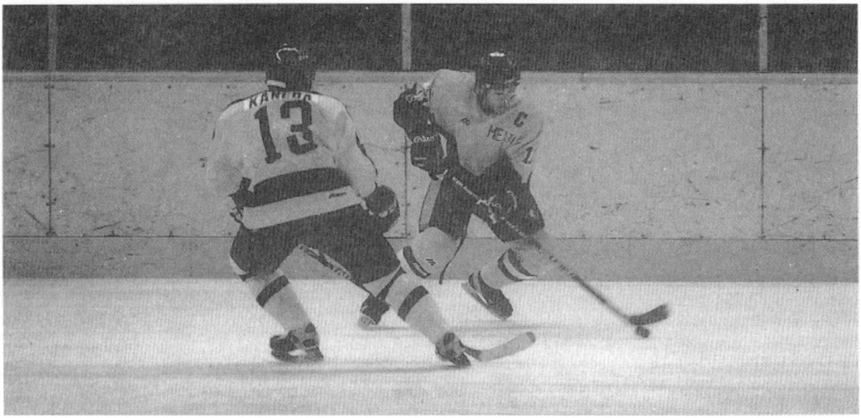

員，其訓練當然相當嚴格，除了努力之外，也需要堅強的毅力。對於還懷抱許多夢想的十幾歲青少年而言，到底山本選手是以何種心情來練習曲棍球的呢？

「我非常喜歡曲棍球，直到現在都是如此。事實上，我的腦海中想到的，只是冰上曲棍球而已。」

因為喜歡，所以能夠持續下去。或許山本選手能夠確保他頂尖運動員的地位，就在於這份熱情吧！

另外一點也很重要，那就是父親在背後的支持。

「中學與高中都是就讀當地學校，所以，父親每次都會前來看我比賽，並給予我技術與心理上的建議。即使後來到東京就讀大學，也常打電話與父親商量。」

從在家中與父親一同生活到大學時代在外租房子，以及成為職業選手而和其他隊員一起生活的現在，山本選手都經常與父親保持聯繫，聆聽父親的意見。對於與父母之間較少對話的現代兒童來說，這真是難能可貴的事。

「我不曾想過拒絕與父親說話，因為我相當尊敬父親，也會聽從他的意見。」

山本選手敬愛父親，聽取父親的意見，這證明父子之間已經建立了良好的信賴關係。相信世間很多父親在聽到這番話之後都會非常羨慕吧！

成為職業選手後開始學習的事情

在青少年世界成為一流選手並且相當活躍的山本，在二〇〇〇年自大學畢業之後，理所當然的成為實業界的選手。

他進入日本造紙克雷因茲

球隊，從小學到中學為止，都隸屬於這個球隊，所以也算是該球隊的基本球員。

成為職業選手至今已經一年，但是，山本選手卻遇到以往不曾經歷過的狀況。

「我現在並非球隊的正式球員，所以經常坐在長椅上觀戰，參賽的機會並不多。老實說，最初有點沮喪。」

山本選手從小學二年級開始就打冰上曲棍球，已經擁有十五年以上的球齡，這還是頭一次沒有獲選為正式球員，的確讓他感到沮喪。

置身於實業界的球隊中，當然有很多人比山本選手擁有更多的經驗。而且因為球隊不同，打冰上曲棍球的形態也不同，並非技巧純熟的選手都會被重用。即使是曾締造佳績的山本選手，在職業選手的世界裡畢竟是新人。這對於被公認是頂尖好手的山本而言或許不公平，卻是無可否認的事實。不過，在這種困境中，山本選手卻學到了其他的經驗。

「以往我從不了解喪失正式選手資格者的心情，不能體會他們不練習的心態，但是現在我終於能夠明白。不過，我並不會因此而停止打冰上曲棍球。的確，有一陣子想法比較消極，但現在已經不同了。為

了等待機會的來臨，我要比別人更加努力的練習。」

對於以最初的挫折為跳板而設定目標的山本選手而言，背後一直有父親的支持。

「我曾經與父親商量自己目前的狀況與心境，但父親卻說：『問題出在你身上，你要多加練習。』父親並不認為是球隊不好或我運氣太差，而認為問題出在我自己，所以，現在我還是希望能夠成為正式球員並持續努力。」

不會溺愛孩子也不會過度嚴厲，而在背後支持孩子的父親，以及尊敬父親並聽取意見的孩子，這樣的信賴關係當然能夠幫助孩子成長。

山本選手最後要送給希望將來想成為一流運動員的孩子們的話是──

「不管任何運動，最重要的就是練習。藉著練習，就能建立自信，培養出隨時都能掌握住機會的實力。想要成為職業選手，就一定要多加練習。」

在職業選手的世界裡，除了球隊的練習之外，為了提高自己的能力，也必須進行個人練習。只要勤加練習，就能擁有自信與實力。

唯有一流的運動員才能展現超完美的演出。大家都期待不久的將來山本選手能成為正式球員並做完美的演出。

親子關係逐漸淡薄的日本家庭

日本的孩子從父母身上學到的就是『努力工作』

通常，孩子會模仿父母的教育或言行來培養自己的社會性或人性。但看似理所當然的親子關係，卻已經開始逐漸瓦解了。尤其日本最為明顯。

一九九四年進行兒童意識調查，以美國、日本的高中生各一千人為對象，針對培養人類特性時受到重要人物的影響設定十二個項目並提出詢問。結果，日本高中生回答從父母那裡學到且比例最高的項目，就是『努力工作』。

在這個項目中，五四％的高中生是從父親那兒學到，而四三％則是從母親那兒學到。就數字而言，其比例的確相當高。

關於同樣的項目，美國高中生的回答是來自父親為六五・五％，來自母親為六九％，亦即只有這項回答美日的情況較為相似，不過，由這十二項的回答可知，美國的孩子受到父母的影響比日本更大。

有關孩子成長的親子關係

日本孩子從父母那兒學到的事情中，比例最低的是：

●允許別人連累自己
（日本　父15.1％・母22.6％）
（美國　父33.6％・母62.1％）

●推己及人之心
（日本　父15.2％・母30.9％）
（美國　父32.9％・母54.1％）

●即使不順心也要忍耐
（日本　父18.9％・母27.6％）
（美國　父51％・母55.9％）

這三項。由此可知，現在的青少年欠缺道德性。近年從青少年犯罪的事件中也證明這類的情緒的確有所缺失。

欠缺這些特性，會對孩子的溝通能力造成重大影響。而一旦缺乏溝通能力，則不論別人如何教導，都會形成一種阻礙。除了妨礙各種能力的發育、發達之外，甚至提高了犯罪的可能性。

孩子將來會成為超級兒童或無法與他人溝通的孩子，其關鍵就在於從嬰兒時期開始是否建立緊密的親子關係。

超級兒童

關於育兒的Q&A

關於育兒的Q&A

看過本書的人，相信已經擁有培養超級兒童的知識。
然而，育兒的工作十分深奧。
還有許多必須要知道的事情。
最後以Q&A的方式回答父母的疑問。
雖然答案未見完善，但筆者會盡量的透過文字說明來解決父母的疑問。
希望藉由閱讀本書，能幫助讀者順利的完成育兒工作。

從何時開始進行高度的運動動作

Q 孩子喜歡棒球，應該從幾歲開始讓他練習揮棒呢？

A 孩子各手指的分化較發達的時期是在出生後一年。根據讓孩子握住球棒的實驗顯示，最早在出生後十四個月就能做到。但是在這個階段只能用手掌支撐球棒，握法並不穩定。出生後三十個月大時，拇指已經分化，能夠稍微用力握住球棒。出生後五十六個月大時，也就是四歲半時，即可使用拇指、食指、中指握住球棒，並且用無名指與小指固定球棒的後端，已經擁有強大的握力。

有關練習揮棒的年齡，可以光靠手腕揮棒是在出生後十四個月大時。而即使和手腕無法取得協調，但肩膀與手臂卻能夠同時活動的時期，則是在出生後二十個月大時。能夠同時活動手腕、肩膀、手臂，並緊收腋下做出揮棒的動作，則是在出生後三十個月大時。以肘關節為主，能夠明顯的做出上臂動作，是在四十四個月大時。至於能夠明顯看到手腕與前臂的動作，並有效的握住球棒，是在出生後五十個月大，也就是四歲時。

對於照握棒與揮棒兩者的資料，發現能夠敏銳揮棒的時期，應該是在四歲半左右。

按照腦神經系統發達的方式可知，不光是棒球揮棒的動作，甚至任何項目的動作進度都是相同。但是儘早讓他拿球棒，的確能夠較早學會握棒與揮棒。讓孩子學會敲打東西，或是出生後不久就讓他玩棒子遊戲，都是不錯的方法。

適合反覆運動的時期

Q 讓孩子學會特定動作的最佳的時期為何？

A 如同在「培養超級兒童的基本知識」中所提到的，兒童的身體是依照神經系統、骨骼、肌肉的順序逐漸發育成長。

由這點來看，最適合進行特定動作的時期，應該是在神經機能相當發達的八歲左右。在這個時期，反覆練習基本動作，能夠讓身體牢記各種動作的正確做法。

之後，在骨骼壯碩的十二歲左右，持續地練習特定的動作，而到了肌肉相當發達的十五歲左右，就可以強力完成各種動作。

異位性皮膚炎的孩子與運動

Q 有適合罹患異位性皮膚炎的孩子進行的運動嗎？

A 從「適合運動」的觀點來看，無法特定出這類的運動。運動本身並不會對身體造成不良影響，只不過汗水或悶熱等可能會使症狀惡化。因此，最好選擇即使流汗也不會對身體造成影響的運動。

最好的運動就是游泳。游泳能夠流汗，而水立刻就會沖洗掉汗，故不受汗的影響，也不會出現悶熱的現象。

對於容易併發氣喘的異位性皮膚炎患者而言，游泳具有很好的效果。但是，海水浴或是日曬較多的室外游泳池會造成不良影響，最好避免。

自閉症兒童與運動

Q 讓自閉症兒童參與運動會產生好的影響嗎？

A 運動能有效的改善自閉症兒童的精神狀態。根據某項實驗顯示，在進行語言訓練前讓他做運動，就可以得到抑制刺激自己行動的好結果。

此外，不讓自閉症兒童做運動，反而會造成肥胖或虛弱體質，以及因為肌力不足而使姿勢惡化或持久力減退等的現象。因此，要盡量的讓他做安全運動，充分培養體力。

稱讚孩子的時機

Q 何時才是稱讚孩子的適當時機？

A 事後立刻稱讚，是最好的稱讚時機。

對被稱讚者而言，當別人給予稱讚時，會讓他聯想到之前自己所做的動作。由此意義來看，如果喪失這個機會，等到他進行其他的事情後再給予稱讚，則孩子會以為自己是因為其他的事而被稱讚，而如果其他的事不是好事，那就更會造成孩子的誤解。因此，一定要把握時機稱讚孩子，在孩子展現行動之後，就要立刻給予稱讚。

避免重蹈覆轍

Q 孩子經常因為同樣的事情而失敗，而且也對此非常自責，該如何避免重蹈覆轍呢？

A 對於「失敗」的恐懼，精神病理學稱其為「預期不安」或「期待不安」，是很多人都會出現的症狀。

所謂「預期不安」，是一旦失敗後會心想：「也許下一次還會失敗。」而「期待不安」是即使曾經做得很好，但仍會擔心「下次還能做得這麼好嗎？」本問題中的孩子，是屬於前者的「預期不安」。

在這種狀態下，孩子可能會不知所措，因此，父母、教練或周圍人的處理方式便是改善的關鍵。

要去除這種不安，最好的方法就是告訴他：「即使失敗也無妨」、「就算別人做得很好而自己做不好也沒關係呀！」、「今天辦不到，明天再練習好了！」、「也許你會突然發現自己做得很棒喔！」要配合孩子的性格，在比賽之前說這些話，讓孩子了解即使自己辦不到，也沒什麼大不了的。也許一次做不好，但是，持續幾次就會成功。

只是在遣詞用句上一定要慎重其事，一旦用錯語彙，可能會使症狀更為惡化。

攝取營養輔助食品

Q **父母都在外工作，因此無法親自為孩子準備飲食。為避免孩子飲食偏差，想讓他攝取營養輔助食品，這麼做妥當嗎？**

A 在『培養超級兒童的飲食學』中提到，讓孩子攝取營養輔助食品並不是很好的做法，最好還是藉著飲食攝取營養。

單就營養方面來考慮，營養輔助食品只不過是輔助的工具而已，孩子應該要藉著飲食來創造身體，使身體成長。

身體已充分成長的大人，的確可以藉著營養輔助食品補充缺乏的營養，但是，孩子一定要從飲食中攝取能夠成為血與肉的食物。

就算事先做好擺著，也一定要讓孩子吃父母準備的食物。至於營養輔助食品，最好等到高中之後再使用。

孩子需要「休息」嗎？

Q **我的孩子現在就讀小學二年級，因為丈夫的堅持，除了上學之外，還要到補習班學習才藝。我認為他的「休息」時間太少了，但孩子還是充滿活力，我感到很疑惑。孩子需要「休息」嗎？**

A 對兒童而言，休息不但很重要，且是絕對必要的。每天到學校上課，還要到補習班學習才藝，當然會堆積疲勞。表面上孩子精力充沛，看起來好像沒問題，但是，要探討的不是肉體的問題，而是精神方面確實積存了壓力。

總務廳以青少年為對象進

行問卷調查，結果發現幾乎所有的孩子都需要休養。

那麼，孩子在閒暇時到底都做了些什麼呢？根據一九九六年的調查顯示，結果是：

①看電視、聽音樂

②看漫畫、看書

③購物

④打電玩、玩撲克牌

很多孩子閒暇時間都是在接觸媒體，這已經成為社會一大問題。

孩子總是在閒暇時間接觸媒體，這並不是好現象，應該要到戶外去接觸大自然，玩玩泥巴，活動身體。

日本厚生省進行兒童環境調查，結果得知孩子最想要的遊戲設施其前五名如下所示：

①有樹木或小河，能進行體能訓練或玩泥巴的公園

②可以打棒球或踢足球的廣場

③能夠安全游泳的游泳池、河、海岸

④可以玩捉迷藏或冒險遊戲的空地或廣場

⑤能夠讓幼兒或父母安心遊玩，有遊樂器具或長椅的戶外型廣場

前五名都是能在戶外遊玩的場所。由此結果可以知道，孩子們實際要求的不是關在室內接觸媒體的餘暇，而是能到戶外遊玩的時間。此外，排名第六的「可以看電影的戲劇或劇場」也值得注意。換言之，孩子們超乎父母的想像，對藝術深感興趣。

然而，最重要的前提是，孩子需要擁有餘暇以及該給予何種形態的餘暇。

在每天忙碌的時間表中，孩子可以做的選擇被限制在打電玩或看漫畫上，這也是無可奈何的事情。

希望父親能夠實現孩子們的願望，每週一次帶孩子到大自然中遊玩或看電影，這些都是有必要的。

關於「搖晃兒童症候群」

Q 何謂「搖晃兒童症候群」？

A 「搖晃兒童症候群」別名SBS。就是因為被劇烈、長時間過度搖晃所引起的症狀。腦部因而受損、甚至致死的例子不在少數。事實上，在美國因為「搖晃兒童症候群」而死亡的嬰幼兒一年高達幾千人。

因「搖晃兒童症候群」而腦部受損的孩子，四人中就有一人會死亡。即使沒有死亡，也會因腦周圍與眼底出血而導致視力與聽力異常，甚至出現智障、語言學習障礙、身體機能麻痺等各種症狀。

在美國造成「搖晃兒童症候群」的行為，甚至被視為「虐待幼兒」，必須處以刑罰。然而「搖晃兒童症候群」悲劇的發生，竟然是在無意識中進行搖晃的緣故。

「搖晃兒童症候群」的患者幾乎都是嬰幼兒。因為要安撫哭鬧的嬰幼兒而過度搖晃，結果就會造成「搖晃兒童症候群」。大人為了安撫哭鬧不休的孩子，有時會感到疲累或焦躁，這時就容易發生「搖晃兒童症候群」的悲劇。

根據美國的報告顯示，「搖晃兒童症候群」六十％是父親或男性所造成的，這些男性幾乎都對於過度搖晃孩子會造成危險一無所知。因此，為避免引起「搖晃兒童症候群」，則周遭人的認知非常重要。

母親要充分了解自己的精神狀態，在焦躁時哄孩子，是相當危險的事。這時不要立刻抱起嬰兒，應該先靜下心來思考「孩子是不是因為肚子餓或不舒服才哭鬧」。自己要有充分的認知，對孩子要擁有足夠的情愛。此外，平常也要告知丈夫或其他的家人粗暴對待孩子的危險性。

大人的焦躁或是疲憊只是暫時性的，若因此而失去孩子或造成孩子一生無法治癒的毛病，則一生只會空留悔恨。

要仔細的思考這一點，保護孩子，避免釀成「搖晃兒童症候群」的悲劇。

主編介紹

【總編】

●宮下桂治

1935年出生於長野縣。爲前順天堂大學運動健康科學部教授。以NPO的「活化地區運動與社團組織」爲主題，實踐地區義工活動，並努力振興推廣運動。著書包括「野外健康法」、「和孩子露營」、「休閒學的方法」等。

【編輯】

●富士運動社

爲透過墊上運動、跳箱、單桿等運動，指導二歲以上幼兒提升運動機能的運動社團。此外，也培養體操選手，培育出參加奧運等各種冠軍賽的選手。現在除了開設二所教室之外，也派遣指導員對外服務。

●野口一

1959年出生。畢業於順天堂大學體育學部。學生時代參加田徑賽，1980年參加國內奧運最後選拔賽100公尺賽跑。現屬於亞希克斯株式會社事業統合部．事業推廣部．東日本推銷技術球隊。曾有擔任日本田徑運動協會正式供應商的經驗，負責計畫開發日本選手專用的各種軟體或飲料等。

●中央運動株式會社

在全國有150家直營店、加盟店，主要是經營健身房與各種運動的設施。在國外也有據點。除了從事全球性的活動之外，也設立了研究與運動有關的各種主題的『中央運動研究所』，並積極從事兒童福利事業。

●日本孕婦有氧運動協會

是爲研究孕婦健康與安產的運動而在1985年成立的協會。主要是負責推擴配合懷孕期、產後、不孕、更年期、授乳期等女性生命週期的運動。目前登記的醫療設施、健身房有300家，同時有1400名合格指導員。名譽會長是WHO倫理審議委員坂本正一先生。

●加藤智枝

1972年出生於千葉縣。是日本有氧運動協會、日本孕婦有氧運動協會指定的指導員。在各種訓練上造詣頗深。現於Oaks Best Condition Club擔任指導員。

●鈴木泉

1967年出生於長野縣。畢業於女子營養大學。爲管理營養師。指導田徑運動日本代表、籃球全日本女子球隊、J聯盟足球隊等各種實業團體與大學運動隊伍的營養。

國家圖書館出版品預行編目資料

創造超級兒童／宮下桂治等主編；陳維湘譯
—初版—臺北市，大展，民93[2004]
面；21公分—（快樂健美站；8）
譯自：スーパーチャイルドをつくる本
ISBN 957-468-336-2（平裝）
1.育兒
428　　93015367

創造超級兒童

ISBN 957-468-336-2

主編者／宮下桂治　等
譯　者／陳　維　湘
發行人／蔡　森　明
出版者／大展出版社有限公司
社　址／台北市北投區（石牌）致遠一路2段12巷1號
電　話／(02) 28236031・28236033・28233123
傳　真／(02) 28272069
郵政劃撥／01669551
網　址／www.dah-jaan.com.tw
E-mail／service@dah-jaan.com.tw
登記證／局版臺業字第2171號
承印者／高星印刷品行
裝　訂／協億印製有限公司
排版者／千兵企業有限公司
初版1刷／2005年（民94年）2月

定　價／280元

大展好書　好書大展
品嘗好書　冠群可期

大展好書　好書大展
品嘗好書　冠群可期